水利工程设计与研究丛书

病险水库的大坝与安全

严实　罗畅　陈娜　陈攀　解枫赞　著

内 容 提 要

本书论述了水库大坝存在的常见病险问题，探讨了如何进行水库大坝安全评价，介绍了大坝安全评价所涉及的众多专业，安全评价内容包括工程质量评价、大坝运行管理评价、防洪标准复核、大坝结构安全、稳定评价、渗流安全评价、抗震安全复核、金属结构安全评价和大坝安全综合评价等几个方面。

本书内容丰富，实用性强，可供从事水利水电工程工作的规划设计、施工、运行、科研、教学等科技人员参考，也可作为大专院校师生的参考资料读物。

图书在版编目（CIP）数据

病险水库的大坝与安全 / 严实等著. -- 北京 : 中国水利水电出版社, 2014.12
（水利工程设计与研究丛书）
ISBN 978-7-5170-2757-7

Ⅰ. ①病… Ⅱ. ①严… Ⅲ. ①病险水库－大坝－安全－研究 Ⅳ. ①TV698.2

中国版本图书馆CIP数据核字(2014)第303784号

书　　名	水利工程设计与研究丛书 **病险水库的大坝与安全**
作　　者	严实　罗畅　陈娜　陈攀　解枫赞　著
出版发行	中国水利水电出版社 （北京市海淀区玉渊潭南路1号D座　100038） 网址：www.waterpub.com.cn E-mail：sales@waterpub.com.cn 电话：(010) 68367658（发行部）
经　　售	北京科水图书销售中心（零售） 电话：(010) 88383994、63202643、68545874 全国各地新华书店和相关出版物销售网点
排　　版	中国水利水电出版社微机排版中心
印　　刷	北京纪元彩艺印刷有限公司
规　　格	184mm×260mm　16开本　7.75印张　180千字
版　　次	2014年12月第1版　2014年12月第1次印刷
印　　数	0001—1000册
定　　价	**28.00**元

凡购买我社图书，如有缺页、倒页、脱页的，本社发行部负责调换

版权所有·侵权必究

前　言

我国的大多数水库在20世纪70年代末以前，至2000年年底有上百座大坝（土坝）的坝龄超过40年。这些大坝蓄水运行以后，持续受到渗流、稳定、冲刷等有害作用，还有可能受到超标准洪水和大地震的破坏，筑坝材料逐渐老化，大坝承受水压力、渗压力等巨大荷载的能力不断降低，因而必须及时通过评价分析，准确掌握大坝性态变化规律，确定危及大坝安全的主要问题并设法加以消除，以保证大坝的安全运行。倘若，这些大坝的缺陷和隐患得不到及时诊断评价和整治处理，任其恶化下去，轻则影响水电站设计功能的发挥，重则可能造成坝溃厂毁，殃及下游，给人民的生命财产、国民经济建设乃至生态环境和社会稳定带来极大的灾难。

病险水库中，有的防洪标准偏低，达不到有关规范、规定要求，有的工程本身质量差，有的工程老化失修严重。这些病险问题导致水库不能正常运行，不能充分发挥其效益。

大多数大坝处于工程设计和施工资料不全、运行性态不明的状态。针对这些情况，1987年开始的首轮安全评价，从设计、施工、运行全过程对大坝安全状况进行全面评价。在设计复核中，统一按照现行规范复核大坝的安全度；在施工复查中，重点分析因施工质量造成的弱点和隐患；在运行总结中，主要探索大坝变形、渗流等性态变化规律和异常现象的物理成因。

水库大坝包括永久性挡水建筑物，以及与其配合运用的泄洪、输水等建筑物，事关重大，危险性高，在日常运行管理上必须保证其安全。水库大坝分三个安全等级，鉴定的安全评价包括工程质量评价、大坝运行管理评价、防洪标准复核、大坝结构安全、稳定评价、渗流安全评价、抗震安全复核、金属结构安全评价和大坝安全综合评价等几个方面。书中通过对三个不同类型的土坝病险水库工程进行了大坝安全评价，三座水库各有特点，其安全评价内容和方法也各有特色。力求体现先进性、科学性和合理性，力求在病险水库评价的工程设计技术方面有所突破。

水库为广大的人民群众提供生活，生产用水，发挥了防洪灌溉的功效，做好水库的除险加固工作既是确保人民群众的生命财产安全，又保证了工农业经济的顺利发展。水库的除险加固是一项利国利民的工程，充分发挥水库的各种功效，促进国民经济发展和人民生活水平的提高。

全书由严实编写了前言、第 17 章～第 29 章；陈攀编写了第 1 章～第 3 章；罗畅编写了第 4 章～第 5 章、第 11 章～第 12 章；陈娜编写了第 10 章、第 13 章～第 14 章；解枫赞编写了内容提要、第 6 章～第 9 章、第 15 章～第 16 章、第 30 章～第 31 章；全书由姜苏阳统稿。

为总结探讨土坝水库的安全评价经验，兹编写本书，以期与同行进行技术交流。本书得到了多位专家的大力支持，在此表示衷心的感谢！由于本书涉及专业众多，编写时间仓促，错误和不当之处，敬请同行专家和广大读者赐教指正。

作者

2014 年 5 月

目 录

1 巴家嘴水库工程概述

1.1 水文、气象、地质条件

巴家嘴水库位于甘肃省庆阳地区西峰市后官寨附近，处于黄河流域泾河支流蒲河中下游的黄土高原地区，控制流域面积 3522km^2。

蒲河中上游为黄土丘陵沟壑区，沟谷发育，河道陡峻。下游为黄土塬区，地势平坦，流域内植被覆盖较差，黄土裸露，水土流失严重。

库区降雨年内分配极不均匀，暴雨多集中在 7～8 月，暴雨历时短，强度大。洪水陡涨暴落，实测最大洪峰流量为 5650m^3/s。

库区属于大陆性气候，年平均温度 11℃，全年以 1 月最低，7 月最高，极端最高气温 35.1℃，极端最低气温－22.4℃。

水库入库水沙年内分配也很不均匀，基本与降水相一致，7～8 月输沙量占全年输沙量的 77.3％。与入库洪水过程的尖瘦峰型略有不同，其沙峰退落较为缓慢，实测最大含沙量 855kg/m^3（1958 年）。

整个库区均由黄土下切至白垩系岩石中，河谷狭窄，坝址处河谷宽 200～300m 左右，为不对称河谷，逆河向上渐宽。两岸谷坡陡峻，上部黄土边坡 40°～50°，下部基岩边坡 60°～80°。

在库区内，自下而上出露有白垩系（K_1）砂岩、页岩，第三系（N）砂砾石及黏土，第四系更新统（Q_1～Q_4）黄土等。

其中白垩系的岩性按出露高程大体分为三层：第一层为砂质页岩，较坚硬，薄片状，顶部出露高程在 1055.00～1057.00m，厚 1～3m，顶部常有泉水出露。第二层为孔隙型中、细粒砂岩夹粗砂岩透镜体，巨厚层，层理发育，泥钙质胶结，岩质松软，岩芯破碎，厚 20～28m。第三层为浅红色孔隙型中粒砂岩，钙泥质胶结，岩质较软，厚 8.5～20m，在高程 1085.00m 和 1083.00m 各分布有黏土岩夹层。

岩层倾向 SW，倾角 1°～3°。砂岩和页岩中发育三组高倾角节理裂隙产状表见表 1.1－1。

表 1.1－1　　节理裂隙产状表

编号＼岩层	走向	倾角	备注
①	NE72°～83°	90°	砂岩
②	NE80°～90°	80°～85°	页岩
③	NW340°～350°	80°～90°	

第三系上新统（N_2）主要结构为两类，第一类为红黄色砂砾岩，钙质结核，较密实坚硬，厚0.25～2.0m，分布在基岩面上。第二类为红土，密实成块状，遇水不易崩解，网状裂隙发育，底面高程1092.50～1096.50m，层厚1.30～18m不等。

第四系下更新统黄土（Q_1），为黄土质壤土及砂壤土，较紧密，干容重大于1.50g/cm³，渗透系数$1\times10^{-5}\sim9.67\times10^{-5}$cm/s，不具沉陷性，厚16～20m，底部高程1102.00～1120.00m。中更新统黄土（Q_2），为黄土质重壤土，较紧密，均以含粉粒为主，有钙质结核和少量黑斑，中夹黄红色壤土十多层，有钙质结核成层现象，干容重小于1.50g/cm³，渗透系数$1.23\times10^{-5}\sim9.04\times10^{-5}$cm/s，一般为二级沉陷，厚50～65m。上更新统黄土（Q_3），以含粉粒为主，疏松有虫孔管状孔隙，有垂直节理，覆盖于梁峁顶部，厚20～30m。全新统河流冲积黄土质壤土（Q_4），较疏松，岩性变化较大，底部常有砂砾石，平均渗透系数6.48×10^{-4}cm/s，主要分布在河漫滩及一二级阶地。

潜水和承压水分布情况如下：

第四系底部埋藏有孔隙潜水，沿基岩面溢出，建坝前右端有出露。基岩孔隙潜水埋藏于砂岩中，孔隙潜水受第四系孔隙潜水补给，下部页岩为相对隔水层，潜水在南小河沟及坝下游左岸岸坡有群泉成滴状流出。据钻孔资料，在高程1050.00m以下，基岩中埋藏有两层承压水，含水层为砂岩，相对隔水层为页岩，形成承压水。第一层顶板高程1022.00～1025.00m，厚4.55m，承压水头为32.25～33.85m，单位涌水量$q=12$L/min；第二层顶板高程986.00m，高出河床地面37.1m，承压水头为106.6m，单位涌水量$q=11$L/min。

（1）坝址处地质情况。河床坝基发育一级台地，在坝轴线线处河床宽约210m，河滩台地高程为1050.00～1052.00m，主要由5～12m的亚砂土组成，并含粉砂透镜体和砂砾石透镜体。在上游坝脚处下埋藏有厚1～3m的泥炭土，富含腐殖土。亚砂土下为砂页岩互层。亚砂土的物理力学指标见表1.1－2，从表1.1－2中可看出该亚砂土具有湿陷性。

表1.1－2　　河滩台地黄土类亚砂土物理力学指标表

项目	含水量/%	干容重/(g/cm³)	比重	塑性指数	湿陷系数	凝聚力/(kg/cm²)	内摩擦角/(°)	渗透系数/(cm/s)
最大值	22	1.67	2.73	10	0.018	0.18	33.05	1.3×10^{-3}
最小值	9	1.42	2.70	7	0.001	0.01	22.82	3.2×10^{-5}
平均值	15.5	1.54	2.72	8.5		0.095	27.93	6.5×10^{-4}

右岸砂岩出露高程1057.00～1078.00m，在坝轴线处高出河床19m，上游坝脚处为23m，至下游坝脚处则为黄土覆盖。基岩之上有一层厚0.75～1.5m的砂卵石层，渗透系数为3.3×10^{-3}cm/s，属中等透水。该层之上为第四纪更新统黄土、红黄土堆积物，有垂直节理及管状孔道，黄土岸坡坡度为45°～60°，基岩坡度约80°。右岸岸坡黄土物理力学指标见表1.1－3。岩体渗透系数最大为5×10^{-2}cm/s，一般为2×10^{-3}cm/s。

表 1.1-3　　右岸岸坡黄土物理力学指标表

项目	含水量 /%	干容重 / (g/cm³)	比重	塑性指数	湿陷系数	凝聚力 / (kg/cm²)	内摩擦角 / (°)	渗透系数 / (cm/s)
最大值	24	1.62	2.73	13	0.07	0.22	29.68	2.5×10^{-5}
最小值	10	1.25	2.71	9		0.03	17.00	2.0×10^{-7}
平均值	17	1.43	2.72	11		0.125	23.33	1.2×10^{-5}

左岸坝肩在河床以上高 46m（高程 1097.00m 以下）范围内均为砂岩，基岩之上为红色亚黏土，厚约 4m，再上为黄土类亚黏土。岩层节理发育，因风化、卸荷作用，表层岩体破碎，风化厚 1～3m，从地表向下 14m，透水性较强，渗透系数基本同右岸。红色亚黏土黏粒含量约为 60%，呈块状，坚硬，透水性极弱，土中富有钙质结核。基岩坡比为1∶0.5。

(2) 泄洪输水建筑物地质情况。泄洪输水建筑物各洞线主要位于第二层中细粒砂岩中，该层位于页岩之上，分布高程为 1082.50～1086.00m，斜层理发育，钙泥质胶结，岩性松软。矿物成分以石英为主，长石次之。

隧洞区埋藏基岩孔隙—裂隙潜水和下部承压水。潜水水位在洞身下部，以库水补给为主，沿页岩隔水层自上向下以降泉形式排泄。

1.2 工程概况

巴家嘴水库是一座集防汛、供水、灌溉及发电于一体的水利枢纽工程，由一座拦河大坝、一条输水洞、两条泄洪洞、两级发电站和电力提灌站组成。工程主要规模、标准见表 1.2-1。

表 1.2-1　　工程主要规模和标准

项　　目	工程规模、标准	备　　注
洪水标准	设计：100 年一遇，水位 1118.60m，相应洪峰流量 10100 m³/s； 校核：2000 年一遇，水位 1124.40m，相应洪峰流量 20300m³/s	
正常水位/m	1112.00	
汛限水位/m	1109.00	
死水位/m	1096.00	
设计烈度/度	6	
总库容/亿 m³	5.11	
坝高/m	74	大坝为黄土均质坝，1958 年初建坝高 58m，后经一、二期各加高 8m。坝顶灌浆加固两次
坝长/m	539	
坝顶设计高程/m	1124.70	
防浪墙顶设计高程/m	1125.90	

续表

项　　目	工程规模、标准	备　　注
输水洞	进水塔顶高程 1132.70m； 设活动钢筋混凝土叠梁门和平板工作门各一道； 压力隧洞，直径 2.0m，长度 367m，设计流量 $35m^3/s$	原建于 1952 年 2 月至 1960 年 7 月，1972 年改建
泄洪洞	进水塔顶高程 1132.70m； 设平板检修门和弧形工作门各一道； 明流洞，洞径 4.0m，长度 394m 最大泄流量 $102m^3/s$	原建于 1952 年 2 月至 1960 年 7 月，1972 年改建
增建泄洪洞	进水塔顶工作平台高程 1132.70m； 设平板检修门和弧形工作门各一道； 明流洞，城门洞形，断面尺寸 5m×7.5m，长度 409m； 设计流量 $503.67m^3/s$	建于 1992 年 9 月至 1998 年 12 月，1998 年 7 月以后运用
一、二级水电站/kW	总装机容量 2084	1966 年、1972 年、1990 年陆续建成
供水工程/万 m^3	年设计引水量 1417	建于 1990 年
提灌工程/万亩	设计灌溉面积 14.4	建于 1981 年

根据水库库容，巴家嘴水库属大（2）型工程，挡水土坝、泄洪输水洞等主要建筑物级别为 2 级。

大坝为黄土均质坝，水库于 1958 年 9 月开工兴建，初建最大坝高 58m。1965 年、1973 年分别从坝体背、迎水坡各加高 8m，大坝设计最大坝高 74m。

泄水建筑物均布置在左岸，设输水洞一条，泄洪洞两条。均由进水塔、隧洞、出口消能三部分组成。

输水洞进口采用单进口有压短管的结构形式，进水塔采用三面封闭、前端设活动钢筋混凝土叠梁门的结构型式。隧洞衬砌厚度 0.3～0.4m，在接近出口处接 45°岔管，岔管通向底流式消力池，隧洞则直通一级发电厂房。从水库输水洞出口消力池引水至坝后二级电站，引水洞线前段为压力隧洞、后段约 60m 为压力钢管。提灌供水取自一级电站尾水。

泄洪洞进水塔采用三面封闭、正面设钢筋混凝土迭梁的型式。隧洞衬砌厚度 0.3～0.4m，隧洞出口设陡坡，下接差动式挑流鼻坎。

增建泄洪洞进口采用单进口有压短管的结构形式。进水塔塔架由流道、塔筒两部分组成。隧洞衬砌厚度为 0.6～1.0m。隧洞出口接陡槽，设掺气底坎和消力墩，在对岸南小河沟左侧设台阶式护坡。

增建泄洪洞进口开挖黄土高边坡设计按水上和水下分别考虑，其中高程 1125.00m 以下边坡为水下边坡，坡比 1∶2，高程 1125.00m 以上边坡为水上边坡，总坡比 1∶1.167，高程 1112.50m 以下采用混凝土六面体砌护，边坡设多级平台，小平台宽 2.0～6.0m，在坡高约一半处设大平台，宽 28m。

1981 年从一级水电站尾水渠引水，建成九级电力提灌工程，总干渠 13.1km，总几何扬程 329.15m，年引水量 5400 万 m^3，设计灌溉面积 14.4 万亩。1996 年利用该工程一至四级泵站，建成年设计引水量 1417 万 m^3 的西峰市城乡供水工程，供水人口 15.47 万。

1.3 工程运行情况

（1）水库运用方式与库内泥沙淤积情况。建库以来，经历了六个时段三种运用方式，具体见表 1.3-1，目前水库有效库容为 1.89 亿 m^3。

表 1.3-1　　历年淤积情况表

时　段 /（年.月）	水库运用方式 /亿 m^3	年淤积量 /亿 m^3	总淤积量 /亿 m^3	累计淤积量 /亿 m^3	淤积高程 /m
1960.2～1964.5	蓄水拦沙	0.132	0.528	0.528	1081.00
1964.5～1969.9	自然滞洪	0.104	0.626	1.154	
1969.9～1974.1	蓄水拦沙	0.177	0.708	1.862	
1974.1～1977.8	自然滞洪	0.022	0.089	1.951	1097.00
1977.8～1992.10	蓄清排浑	0.047	0.712	2.663	1105.00
1992.10～2001.3		0.0796	0.637	3.30	1110.00

（2）大坝变形情况。在河床部位自 1963～2000 年最大沉降量为 2738mm，1988 年以来沉降量呈逐年递减趋势，至 2000 年，年递增沉降量最大为仅 7mm。约为坝高的 0.009%。

大坝水平位移规律规律为：上游坡向上游移动，最大位移量为 332mm，下游坡向下游位移，最大位移量为 224.9mm，上游坡位移量比下游坡大，坝顶向上游位移，最大位移量为 686.4mm。1998～2000 年向上下游位移值平均为 1.9mm。

从以上情况可看出，现状条件下，坝体变形已趋于稳定。

（3）大坝裂缝情况。由于初建坝体质量较差，岸坡开挖过陡，以及后期加高、加固等原因，导致坝体建成近 40 年来坝体持续不均匀沉陷变形，坝体裂缝几乎年年发生。至今有记录的裂缝条数累计达 294 条，其中横缝 231 条，占 78.6%，纵缝 63 条，占 21.4%。左坝段和右坝段横缝数相当，发生的横缝最长的贯穿整个坝体，纵缝最长大于 300m，裂缝最深达 13m，裂缝最宽达 120mm。通过坝体灌浆加固资料中漏点分布分析，在接近坝基的坝体中也存在着暗缝。1978 年冬至 1979 年春，在左坝肩发现裂缝 5 条，右坝肩裂缝 4 条，开挖后发现横向暗缝 61 条，纵缝 2 条，暗缝的宽度达 300mm。

裂缝具体分布情况见表 1.3-2。

表 1.3-2　　大坝裂缝开展情况表

<table>
<tr><th rowspan="2">时　段 /（年.月）</th><th rowspan="2">裂缝 /条</th><th colspan="2">横缝/条</th><th colspan="2">纵缝/条</th></tr>
<tr><th>左坝肩</th><th>右坝肩</th><th>上游坡</th><th>下游坡</th></tr>
<tr><td>1960.6～1962.7</td><td rowspan="2">37</td><td colspan="2">21</td><td>7</td><td rowspan="2">2</td></tr>
<tr><td>1962.7～1965.1</td><td colspan="2">6</td><td>1</td></tr>
<tr><td>1965.1～1966.6</td><td>26</td><td colspan="2">14</td><td>2</td><td>10</td></tr>
<tr><td>1967～1973</td><td>21</td><td>7</td><td>6</td><td>8</td><td>0</td></tr>
<tr><td>1974～1976</td><td>36</td><td>12</td><td>10</td><td>0</td><td>14</td></tr>
</table>

续表

时　段/（年．月）	裂缝/条	横缝/条		纵缝/条	
		左坝肩	右坝肩	上游坡	下游坡
1977	12	6	3	3	0
1978	19	6	7	6	0
1979	20	8	6	4	2
1980	66	5	61	0	0
1981	13	8	5	0	0
1982	2	1	1	0	0
1983	8	6	2	0	0
1984	3	2	1	0	0
1985	2	1	1	0	0
1986	4	2	2	0	0
1987	2	1	1	0	0
1988～1994	0	0	0	0	0
1995	8	4	0	0	4
1998	15	15	0	0	0
合计	294	112	119	31	32

注　2000年发现的裂缝未统计。

裂缝高发期为1965～1966年（17条/年）、1974～1976年（12条/年）两期坝体加高期和1980年（66条/年）第一次坝体灌浆期。裂缝开展最严重时期为1974年二期加高期间，当填筑到高程1116.13～1118.13m时，在下游坡高程1101.50～1116.70m间陆续发现八条纵缝，最大缝宽10～15mm，深8～10m，纵缝长300多m。其中有的与两坝肩的横缝连接，在平面上呈弧形，即所谓的“八大弧形裂缝”。加固方法，采用开挖回填和泥浆自流灌缝处理。第二次灌浆后，至1994年在坝面未发现裂缝，1995年后裂缝又陆续出现。

评价前虽未做现场开挖勘探，从1996年对位于左坝段下游的8条裂缝灌浆情况看，靠近左坝肩处的坝体中裂缝发育。1998年测压管更新改造时，发现靠右岸坡的26号孔打孔时，灌入浆液25m^3，灌浆24h仍未灌满，之后停灌，说明右坝段宽大裂缝发育。1998年在左坝段下游坡发现裂缝15条，其中两条从坝脚延伸至坝顶。2000年渗流观测自动化改造时，在背水坡每级马道的电缆沟中均发现有裂缝，基本分布于河床段，条数不详。另外2001年4月底现场察看时，发现马道上的排水沟中有错动裂缝痕迹。综合以上说明目前下游坝体中裂缝仍很发育。上游坝体由于护面板覆盖，是否有裂缝未知。

对以往发现的裂缝，分别采用横向开挖设隔断墙、沿缝向浅层开挖回填土料和泥浆灌缝等方法进行了处理，但对2000年发现的裂缝，仅进行了浅层处理。

（4）大坝渗漏情况。水库蓄水后，1961年春，右岸下游坝脚发生湿润和翻浆，分析认为是施工前右岸基岩中泉水出露，施工时未彻底处理地下水补给及绕渗形成。蓄水后，坝基漏水严重，坝下 T11 孔涌水量增加，达 19L/s，随水库淤积提高，坝基渗水量有所减少。

1964 年 11 月左右，坝下游河床部位，沿坝脚呈线状分布涌水点，形成砂环直径 2～10cm，但涌水中除砂粒外，无土质颗粒。

据 1964 年 5 月 7 日观测资料，当水位 1089.20m 时，坝后渗出流量为 25L/s，折合 $2160m^3/d$。

1972 年冬季出现坝右岸背水坡台地湿润面增大，左岸砂岩湿润面抬高现象。1976 年在右岸背水坡增设反滤体后，上述现象消失。

大坝第一次第二次加固后，在靠左岸下游坝脚的汇集渗流坑中，有少量渗水，目前已无渗水。可能与坝下一级水电站开挖集水井有关。该集水井位于坝下靠左岸边，距下游坝脚约 80m。该井中 2001 年 4 月底测得渗漏量为 $48m^3/d$，另外在左坝脚下游的岸坡岩石中，打有一平洞，长约 20m，高程约 1051.50m，2001 年 4 月底测得渗漏量为 $66m^3/d$。

（5）泄洪输水建筑物运用情况。输水洞进水塔和泄洪洞进水塔水位变动区冻融破坏严重，表面出现水泥、石子脱落现象。最深破坏深度 6～10cm。塔架流道出现磨蚀现象。

输水洞从外观看，部分部位出现裂缝，因气蚀或冲刷等原因出现较大的凹坑和大范围粗骨料外露，骨料与混凝土分离，部分地方钢筋外露并出现表面锈蚀。止水老化，一半伸缩缝渗水严重。泄洪洞局部出现较长裂缝，洞子后段底板气蚀尤为严重。粗骨料外露，并有较大坑洞，部分位置钢筋出露锈蚀，进口以下约一半伸缩缝渗水严重，出口消能部分气蚀严重，消力墩因冲刷磨损残缺不全。

增建泄洪洞因运行时间很短，质量良好。

（6）金属结构运用情况。本次评价的金属结构设备包括：拦污栅、叠梁门、平板门、弧形门、卷扬机、桥机、抓梁以及压力钢管等。除增建泄洪洞外其余设备均运行近 30 年，压力钢管运行已运行 35 年。运行过程中出现不少问题。主要有泄洪洞、输水洞闸门、启闭系统设备老化、气蚀、磨损现象非常严重。并已出现多次钢丝绳断裂，刹车失灵，电气短路等影响运行安全的故障。

经检测局部焊缝锈蚀深度超过 3.0mm，闸槽底槛受泥沙水流的冲刷已成锯齿状，止水橡皮老化，严重漏水。弧形闸门侧轨止水座板表面已不平整。同时，弧门铰座及吊耳严重锈蚀，轴销转动不灵活，伴有异常响声，闸门启闭不灵活也不平稳。

所有闸门及叠梁、拦污栅的起吊钢丝绳水下部分锈蚀严重，多次断股，在 2000 年汛前检查时，曾发生断绳现象，现搭接使用。

几台启闭机的老化磨损现象非常突出，从 20 世纪 90 年代开始，启用机运行噪声逐年增大，振动逐渐明显，近年刹车失灵的故障时有发生，目前，电机及变速箱轴承松动，间隙过大，传动轴径向跳动较为厉害，制动片磨损相当严重，存在严重安全隐患。

输水洞叠梁启吊的抓梁为机械装置，设备落后，吊钩运行十分笨拙，有效保证率只能达到 30%，在吊装中，经常需要借助人工办法才能完成。

对增建泄洪洞，由于运行时段较短，对其金属结构设备不做评价。

2 巴家嘴水库防洪能力复核

2.1 设计洪水复核

2.1.1 水文基本资料

(1) 站网分布及水文测验情况。巴家嘴水库库区由干流蒲河及其支流黑河组成，出库站巴家嘴水文站位于大坝下游约500m处，集水面积为3522km²。坝址至水文站区间有南小河沟汇入，集水面积为44km²。巴家嘴水文站始建于1951年9月，1958年年底因水库施工而停测。水库建成后1962年1月仍在原测流断面处恢复测验作为出库站，担负出库水文及库区泥沙淤积等测验工作。1964年1月又在蒲河及支流黑河设入库水文站姚新庄和兰西坡。姚新庄站距坝31km，集水面积2264km²；兰西坡站距坝23km，集水面积684km²。姚新庄站和兰西坡站至巴家嘴站区间汇流面积574km²。1976年库区淤积已影响至兰西坡测流断面，故于1976年上移至太白良，距坝35km，集水面积334km²，入库站至巴家嘴站之间有汇流面积924km²。

以上各站实测水文资料情况见表2.1-1。

表2.1-1　蒲河流域主要水文站水文资料情况表

序号	河名	站名	控制面积/km²	资料年限/(年.月)
1	蒲河	巴家嘴	3522	1951.9～1958.12，1962.1～2000
2	蒲河	姚新庄	2264	1963.11～2000
3	黑河	兰西坡	684	1963.11～1976.12
4	黑河	太白良	334	1977.1～2000

(2) 水文资料整编。由于姚新庄、太白良、兰西坡、巴家嘴站分别是基本水文站和专用水文站，其测验项目较齐全，整编后的洪水资料有逐日平均流量成果表、洪水要素摘录表、实测流量成果表等。以上各站的水文测验资料均经过黄河水利委员会水文局整编和审查刊入红本（其中1997～2000年为测站整编成果未刊布），可以作为巴家嘴水库设计洪水分析计算的依据。

2.1.2 暴雨洪水特性

蒲河流域水气来源主要为东南暖湿气流的输送。天气系统为冷锋过境，暴雨路径多有西北向东南，持续时间仅1～2天，两次强烈冷锋系统出现的时间6～10天，大雨历时6～10h，暴雨历时2～3h。暴雨主要发生在7～8月，暴雨强度大而集中。流域内暴雨中心有三处，即北部的苦水掌、天子一带，中部的三岔地区及东部的驿马关、土桥一带。前二地区为蒲河大洪水的来源地，后者则为造成黑河洪水的主要来源地。从西峰市实测暴雨资料统计，最大1日雨量为1947年7月27日的148mm，其中8小时降雨量为132mm；庆阳驿马关1958年7月13日7h降雨量为129.4mm，调查其暴雨中心雨量9h内达258mm。

巴家嘴洪水系暴雨形成，大洪水也主要发生在7～8月，由于暴雨历时短，雨强较大，加上流域内地形陡峻，汇流迅速，所以洪水过程一般为陡涨陡落的单峰型。一次洪水的主峰历时一般为15～20h，其中涨水历时为1.5～2h。两次洪水一般相隔6～10天，但有的年份相隔时间较短，为3～5h，如1996年7月洪水，姚新庄第一次洪峰出现时间是7月27日10时，第二次洪峰出现时间是7月27日13时，第三次洪峰出现时间是7月27日18时。

洪水的年际变化较大，如实测的洪峰流量，其最大值5650m³/s（1958年7月13日），最小值为111m³/s（1953年7月27日），最大与最小之比达51倍。

2.1.3 历史调查洪水与重现期的确定

巴家嘴的历史调查洪水有1841年、1947年和1901年，各次历史洪水的洪峰、洪量及重现期见表2.1-2。

表2.1-2　　巴家嘴历史洪水峰、量及重现期

项别＼年份	1841	1947	1901
洪峰/（m³/s）	13800	7300	3710
3日洪量/亿m³	1.61	0.906	0.515
重现期/年	194	50（实测系列首位）	

2.1.4 设计洪水成果比较及采用

巴家嘴水库的设计洪水，自从1958年开始以来，不同单位曾先后进行过十多次分析计算。各次计算除采用资料系列有所差别外，就是对历史洪水资料的采用有所不同。如1964年计算设计洪水时，1947年的历史洪水重现期按1841年以来第二大洪水处理，重现期为61年。而1981年计算设计洪水时，1947年的历史洪水重现期按1901年以来第一大洪水处理，重现期为87年。20世纪80年代以来各次设计成果见表2.1-3。

表2.1-3　　巴家嘴水库设计洪水成果表

单位：洪峰流量：m³/s；洪量：亿m³

计算年份	项目	资料系列			统计参数			频率为P/%的设计值			
		N	n	a	均值	C_v	C_s/C_v	0.05	0.1	0.2	1.0
1981	洪峰流量	180	24	2	1475	1.34	3.0	20300	17800	15440	10100
	3日洪量	180	24	2	0.245	1.10	3.0	2.55	2.26	1.99	1.36
1993	洪峰流量	188	36	2	1370	1.30	3.0	17800	15890	13780	9100
	3日洪量	188	36	2	0.226	1.06	3.0	2.23	1.99	1.75	1.21
2001	洪峰流量	194	50	1	1423	1.34	3.0	19500	17200	14900	9760
	3日洪量	194	50	1	0.278	1.01	3.0	2.57	2.30	2.03	1.42

设计成果主要与1981年巴家嘴水库增建泄洪洞工程初步设计成果进行比较，从表2.1-3中可以看出，计算成果与巴家嘴水库增建泄洪洞工程初步设计成果比较，均值：洪峰流量小3.5%，3日洪量大13.5%；C_v值：洪峰流量相同，3日洪量小8.2%；各频率设计值：洪峰流量小3%左右，洪量相差不大。造成差别的主要原因是由于采用的洪水资料系列不同，和对1947年洪水处理方法不同所致。另外是由于20世纪80年代以来，发生的几场大洪水，洪峰并不大，但3日洪量却较大（3日内发生几场洪水）。因此从不同设计频率洪水峰、量成果看，总的差别是不大的，均在4%以内。

通过以上比较分析，初步认为本次计算的设计洪水成果与1981年成果是比较接近，1981年成果是经水利部审查通过，并作为巴家嘴水库增建泄洪洞工程初步设计时的设计成果。为保持成果的一致性，本次对水库大坝安全评价仍推荐采用1981年巴家嘴水库增建泄洪洞工程初步设计时的设计洪水成果，即：100年一遇洪水，设计洪峰流量为10100m^3/s，3日洪量为1.36亿m^3；2000年一遇洪水，设计洪峰流量为20300m^3/s，3日洪量为2.55亿m^3。

2.1.5 巴家嘴水库坝址设计洪水过程线

巴家嘴水库坝址的设计洪水过程线，采用仿典型年的方法进行计算，典型洪水过程仍选择1958年7月14～16日的洪水过程。

2.2 巴家嘴水库防洪能力复核

2.2.1 设计、校核洪水位复核

按目前的泄洪设施，即新建泄洪洞、原泄洪洞和输水洞共同使用的条件下，水位泄量关系见表2.2-1。由于库区淤积严重，库容采用2001年3月实测库容，水位库容关系见表2.2-1。起始调洪水位分别用1109.00m（甘旱汛指发〔2000〕019号和甘水基发〔2000〕13号文批复巴家嘴水库2000年度汛方案）和1100.00m（技施设计时），按照敞泄滞洪的水库运用方式进行调洪计算。本次复核的设计、校核洪水位见表2.2-2。

表2.2-1　　巴家嘴水库水位、库容、泄量关系表

水位/m	库容/万m^3	泄量/(m^3/s)	水位/m	库容/万m^3	泄量/(m^3/s)
1085.00	0	0	1116.00	4546.7	561.7
1090.00	0	125.8	1118.00	7396.7	581.8
1095.00	0	268.0	1120.00	10616.7	602.2
1100.00	0	360.6	1122.00	14266.7	619.7
1106.00	9.9	446.3	1124.00	18126.7	638.97
1108.00	103.8	471.3	1126.00	21886.7	656.5
1110.00	298.3	496.3	1128.00	25756.7	672.9
1112.00	729.9	518.9	1130.00	29716.7	689.8
1114.00	2179.7	540.8			

表 2.2-2　　巴家嘴水库调洪成果表

起调水位/m	项　目	洪水频率 P/%		
		0.05	0.1	1.0
1109.00	最大入库/（m^3/s）	20300	17800	10100
	最大出库/（m^3/s）	653	641	603
	最高水位/m	1125.67	1124.29	1120.03
	调洪库容/亿 m^3	2.11	1.85	1.05
1100.00	最大入库/（m^3/s）	20300	17800	10100
	最大出库/（m^3/s）	653	641	592
	最高水位/m	1125.57	1124.19	1119.92
	调洪库容/亿 m^3	2.11	1.85	1.05

从表 2.2-2 可以看出，两个起调水位（1100.00m 与 1109.00m）的最高洪水位和防洪库容相差不大，主要原因是 1109m 以下库容较小仅 200 万 m^3。本次复核的 100 年一遇设计洪水位为 1119.92m（按起调水位 1100m 计算成果，下同），比原设计（增建泄洪洞设计，下同）1118.6m 高 1.32m，2000 年一遇校核洪水位为 1125.57m，比原设计 1124.4m 高 1.17m。

复核的设计与校核洪水位，较原设计、校核洪水位偏高，主要是水库淤积严重，库容减少较多所致。

2.2.2　水库防洪能力复核

由于大坝沉陷，2001 年 4 月 15 日实测大坝防浪墙顶高程 1125.63m，比原防浪墙顶高程降低 0.27m（原防浪墙顶高程 1125.90m），按 1.79m 坝顶超高考虑，现有坝高的防洪最高水位为 1123.84m。经调洪计算复核，防洪水位 1123.84m 的相应的洪水重现期约为 850 年，即巴家嘴水库现状的防洪能力达不到 1000 年一遇。

2.2.3　输水泄洪洞泄流能力复核

相应于本次复核的设计洪水位 1119.92m，输水洞泄流量 33.4m^3/s，泄洪洞泄流量 97.37m^3/s，增建泄洪洞泄流量 470.7m^3/s，三洞总泄量 601.47m^3/s；校核洪水位 1125.57m 时，输水洞泄流量 36.27m^3/s，泄洪洞泄流量 104.96m^3/s，增建泄洪洞泄流量 511.9m^3/s，三洞总泄量 653.13m^3/s。

（1）泄洪洞。经本次复核后的校核水位 1125.57m 闸门全开时，泄流量 104.96m^3/s，出口处 0+394m 掺气水深 2.86m，此时净空余幅 1.14m，大于规范要求的 0.4m，掺气水面以上部分的净空面积占隧洞断面总面积的 23.4%，满足规范要求的占总面积的 15%的要求。

（2）增建泄洪洞。经本次复核后的校核水位 1125.57m 闸门全开时，泄流量 511.9m^3/s，出口处 0+423 掺气水深 5.85m，此时，净空余幅 1.65m，大于规范要求的 0.4m；掺气水面以上部分的净空面积占隧洞断面总面积的 18.1%，满足规范要求的占总面积的 15%的要求。

增建泄洪洞进口混凝土预制板已建护坡顶部高程 1110.00～1112.50m，均低于 100 年一遇设计洪水位 1119.92m，建议补做。为防止风浪淘刷，保证洞口安全，建议补做至 1120.00m。

2.2.4 坝顶高程复核

按《碾压式土石坝设计规范》（SL 274—2000）的规定，坝顶高程等于水库静水位与超高之和，应按照各种运用情况计算，取其最大值。计算成果如表 2.2-3。

表 2.2-3　坝顶超高及坝顶高程计算成果表　单位：m

计算项目＼运用情况	设计洪水位（1%）	校核洪水位（0.05%）	计算项目＼运用情况	设计洪水位（1%）	校核洪水位（0.05%）
波浪爬高 $R_{1\%}$	1.98	1.28	坝顶超高 y	3.00	1.79
风壅水面高度 e	0.02	0.01	库水位	1119.92	1125.57
安全加高 A	1.0	0.5	坝顶高程	1122.92	1127.36

由表 2.2-3 可看出，校核水位下的坝顶高程 1127.36m 为大值，现坝顶高程 1124.43m，防浪墙顶高程 1125.63m，不能满足要求。

根据 SL 274—2000 计算，坝顶高程不满足设计和校核洪水的要求，大坝需加高 2.93m。

2.3 结论

通过上述巴家嘴水库设计洪水、水库库容、泄流能力及水库调洪等全面复核后，可以得出如下结论：

（1）经过复核后的设计洪水成果，与 1981 年巴家嘴水库增建泄洪洞工程初步设计时的设计成果接近，因此本次复核仍采用 1981 年巴家嘴水库增建泄洪洞工程初步设计时的设计洪水成果。

（2）从水库调洪水位上分析，利用 2001 年 3 月实测库容，水库的设计（100 年）和校核（2000 年）洪水位，分别比原设计高出 1.32m 和 1.17m。由于两次采用的设计洪水及泄流曲线基本相同，只是库容曲线有变化，由此可见，水库淤积引起的库容变化，对水库防洪的影响是很大的，对这一因素应引起足够的重视。

（3）泄洪洞和增建泄洪洞可安全泄洪。输水洞原建部分强度低，在设计洪水位时，限裂不能满足规范要求，输水洞不能安全泄洪。所以建议输水洞不参与泄洪，只在低水位运行。

（4）根据 SDJ 218—84 计算，现状坝顶高程不能满足校核洪水下的防洪要求，大坝需加高 2.93m。

（5）从工程现有坝高、库容、泄流设施分析，现状防洪能力达不到 1000 年一遇的洪水标准，远不能达到《防洪标准》（GB 50201—94）要求的 2000 年一遇的校核洪水标准。按照《水库大坝安全评价导则》（SL 258—2000）附表 B1，大坝防洪安全性为 C 级。根据鉴于现状水库泄流能力不能彻底解决漫滩洪水淤积问题，所以水库库容今后还要继续损失，防洪能力还要进一步降低，巴家嘴水库防洪问题将更趋严重。

3 巴家嘴水库工程质量评价

3.1 大坝施工质量

3.1.1 坝基开挖和基础处理评价

(1) 除一、二期加高外，初期施工开挖的岩坡和土坡坡比陡于现行规范《碾压式土石坝设计规范》(SDJ 218—84) 第6.1.4条规定，即岩坡坡比不陡于1∶0.5，土坡坡比不陡于1∶1.5，而且开挖坡不平顺（一期加高存在此问题），局部甚至有反坡。这是填筑后坝体发生不均匀沉陷，在坝肩部位出现较多裂缝的原因之一。

(2) 河滩亚砂土及右岸的岸坡黄土中，湿陷系数最大达0.018，湿陷等级为Ⅱ级，开挖时未清理，且未做任何处理。

(3) 基础岩石裂隙未处理。初建坝体与岩坡间均未设反滤排水体，使填土直接与岩坡接触，易产生接触冲刷破坏。

从以上坝基和岸坡清理、处理以及地质构造处理，对照《水利水电基本建设工程单元工程质量等级评定标准》(七)(SL 631—2012) 分析，可以认定坝基及岸坡处理质量不合格。

3.1.2 坝体填筑质量评价

(1) 初建坝体质量检测结果。初建坝体含水量分布不均。铺土过厚铺土厚度曾达50～60cm，有冻土块上坝。又因平碳碾压，压实不均，层次明显，各层顶部形成5cm的硬壳，下部疏松，并含有未压碎的土块。

施工检测干容重总合格率为64%，干容重范围值1.24～1.89t/m^3，具体合格率见表3.1-1。干容重及其合格率沿坝高。

表3.1-1　坝体施工填筑质量指标

项目＼位置	左岸台地		右岸及河床部分			整个坝体	
填筑坝高/m	0～8	8～23	0～5	5～12	12～23	23～34	34～47.7
铺土厚度/cm	20	25～30	30	35	35～40	50～60	30～35
碾压方法	人工夯实	拖拉机带平碳	人工夯实	拖拉机带平碳	拖拉机带平碳	拖拉机带平碳	拖拉机带平碳
设计干容重/(t/m^3)	1.6	1.6	1.6	1.6	1.6	1.6	1.6
干容重合格率/%	80	85	50	50	40	33.3	60
备注					坝高15～16m时铺土厚50cm		

（2）一期加高坝体。从干容重检测成果分析，虽然干容重平均值满足设计要求，但干容重最小值偏小，且其总合格率为87.3%，不满足《水利水电工程单元工程施工质量验收评定标准》（SL 631—2012）的规定（质量合格值为合格率大于90%），其中高程1076.50～1085.00m，合格率较小（最小为58%），不合格样较集中，干容重最小值已小于设计值的98%；截水槽部位填料不碾压，将会影响防渗效果。检测显示含水量偏低，且不均匀。由以上可判断在部分高程范围内，压实质量不合格。结合面处理方面，上下层面结合处理不合格。

铺土质量基本满足要求。

总之，除局部高程范围外，坝体填筑质量较好。但从主要控制指标干容重合格率分析，坝体质量不合格。

（3）二期加高坝体。主坝坝体、盖重和挤淤填土干容重平均值满足设计要求，主坝体部分干容重平均合格率和分层合格率都满足设计要求；盖重和挤淤部分干容重平均合格率满足要求，但两者在高程1087.00～1088.00m间的合格率均较低，可能是该位置较靠近淤泥面，未用羊角碾碾压所致。因此，二期加高坝体基本满足合格要求。

综合上述，坝体填筑压实质量较好，质量基本合格，其中主坝坝体填筑部分质量最好，结合面质量是三次施工中控制最好的。

3.1.3 加固质量评价

（1）第一次灌浆质量评价。从第一排各序孔耗浆率看，递减情况不十分明显，表明灌浆范围内纵向裂缝的连通性较差，而从第二排孔进浆量比第一排明显减少现象，说明坝体的横向裂缝连通性比纵向缝好。

总之，从生产孔第二排孔各序孔耗浆率明显减少，说明坝体裂缝得以逐步充填密实；从检查孔和补灌孔耗浆率分析，各区段中以左坝段的耗浆率较大，该结果与左岸坡开挖较陡，坝体裂缝较多是相一致的。

从生产孔各深度段的耗浆率分析，在深度30～50m段灌注量较大，且检查孔加深灌浆表明：在深度30m以下的灌注量约占总量的70%以上，而该段正是初期施工干容重合格率最低范围，说明坝体深层质量较差。

从检查孔与生产孔情况对比表明：除了坝体中部由于受灌浆变形影响导致耗浆率增大外，其余处经本次灌浆后耗浆率均明显降低；漏点密度有一定降低，说明灌浆范围坝体裂缝已基本得以充填，开挖检查井情况也证明灌浆使坝体得以密实，坝体防渗性能得以改善。但由于本次灌浆深度未及坝底，且坝体变形未稳定，一些部位补灌时耗浆率仍较大，说明本次灌浆未能解决根本问题。

（2）第二次灌浆质量评价。从第二次灌浆各序孔耗浆率总平均值看，以二序孔耗浆率最大，一序孔次之，三序孔最小，不符合一般规律，可能是由于施工间断，周期长，坝体变形较大造成的。但各序孔耗浆率比第一次灌浆相应序孔耗浆率有较大幅度降低，按耗浆率总平均值215.7L/m计，平均降低42.7%。说明灌浆范围坝体质量有明显好转。

从各区段耗浆率比较，以左坝段238.3L/m为最大，坝中部和右坝段分别为200.1L/m和206.3L/m，基本相当。从漏点密度比较，以左右坝段（84.8m/个，98.3m/个）较大，坝中部略小为117.9m/个。与第一次灌浆相应部位比较，坝中部漏点密度降低幅度较大（第一次灌浆为38.3m/个），右坝段略有降低，左坝段基本维持不变。反映出左坝段裂缝仍较严重。

从第二次自流灌浆在各深度的分布情况看，深度16～50m的灌量占总灌量的71.9%，漏点数量占62.3%，表明该深度段内的裂缝较发育。而深度50m以下坝体质量尚好，这些情况与第一次灌浆基本相似。所不同的是本次灌浆，除深度0～8m灌浆量略有增大外，在孔深比第一次加大，打至基岩的情况下，自流总灌浆量比第一次减少63.3%，漏点数量减少了54.2%。说明灌浆范围坝体裂缝逐步得以充填密实。

从两次灌浆自流进浆量沿坝高的分布情况说明，在坝高24～44m范围坝体进浆量较大，与坝体原填筑质量情况较吻合，说明该范围内裂缝较发育，坝体质量较差。

从第二次灌浆检查井取样干容重平均值（$1.68t/m^3$）与第一次成果（$1.63～1.64t/m^3$）对比分析可看出，坝体密度得以进一步提高。

从第二次灌浆压水试验吸水率分析，本次灌浆后坝体防渗性能与第一次灌后基本相当，这似乎不合一般规律。第二次灌浆之所以没能使灌浆范围内坝体防渗性能比第一次有较大提高，主要是由于第一次灌浆后，坝体变形尚未稳定，继续不均匀沉陷，导致裂缝不断，使第一次灌浆形成的防渗幕体防渗性能下降，即从第一次灌后平均吸水率0.0739Lu升高为第二次灌前平均吸水率1.4568Lu，而第二次灌浆使防渗幕体的防渗性能又基本恢复并比第一次灌后略有增强，这即是第二次灌浆效果较好，但防渗性能未能大幅度提高的原因。同时也说明，在坝体变形尚未稳定时，一两次灌浆只能起到修补恢复坝体防渗性能的作用，不能解决根本问题。但该阶段的灌浆是必要的，否则，坝体防渗性能将日渐削弱。

（3）第三次灌浆质量评价。第三次灌浆属对左坝段裂缝的骑缝式灌浆，检查表明，各序孔递减，符合一般规律。漏点密度为36.8m/个，与坝顶第二次灌浆时漏点密度37%相近，而漏点耗浆量占总耗浆量比例23.7%，比第一次和第二次灌浆相应值49%、37.4%都低。说明第三次灌浆区域内的坝体质量比第一次和第二次灌浆区域内坝体质量稍好。检查孔中未出现漏点，说明生产孔对裂缝灌浆密实，灌浆质量较好。本次灌浆未做检查井取样。

（4）上游护坡混凝土和防浪墙质量评价。上游护坡标号为150号，检查表明大于150号的占90.8%，大于200号的占70.1%。砌面平整。满足合格要求。

防浪墙混凝土虽无质量检测资料，但从运用中防浪墙无挤压破坏或伸缩缝张开以及裂缝开展等情况，分析认为防浪墙质量基本合格。

3.2 坝体质量综合评价

（1）施工质量评价。从坝体施工填筑情况分析，初建坝体和一期加高坝体干容重合格率不满足现行规范的合格要求；二期加高坝体干容重合格率达93.7%以上，其他指标也满足要求，质量合格。

通过对坝顶两次灌浆的耗浆和检查井情况分析，第二次灌浆与第一次相比，耗浆率减少，漏点密度降低，干容重增加。

1988年二次灌浆结束后，坝体年最大沉降量发生部位，由坝顶变为坝坡位置，从侧面反映出灌浆加固后坝顶以下坝体密实度提高，抗沉降能力提高，灌浆质量较好。

第三次灌浆检查孔情况表明，灌浆质量较好。

（2）现状坝体质量。坝体沉降和水平位移已趋于稳定。这些情况表明在目前运行条件下，坝体变形已基本完成，如果外界条件无大的变化，坝体现有性状不会有较大变化。

从灌浆后的1988年10月与灌浆前1977年浸润线相比，无大的变化，说明一两次的局部灌浆，对整个坝体防渗性能的改变是有限的。

总之，虽然初建坝体施工质量较差，使坝体变形过大，裂缝不断产生。灌浆成果揭示坝体裂缝分布较深，目前裂缝仍然存在。但由于坝体变形已趋稳，水库一直低水位运行，坝体浸润线较低、渗漏量较小，渗流性态较为稳定。但高水位下，将会由于湿陷变形产生新的裂缝，并使原有裂缝扩大发展，甚至贯通，从而引发集中渗流破坏或接触冲刷破坏。

3.3 输水泄洪建筑物质量综合评价

3.3.1 输水洞和泄洪洞工程质量分析评价

3.3.1.1 输水洞进水塔和泄洪洞进水塔工程质量分析评价

（1）施工期质量分析。

1）原材料评价。水泥采用500号硅酸盐水泥，所用部分水泥受潮严重，结块多。施工采用巴家嘴笞河砂场山砂，其中有少量结块。

2）混凝土抗压强度评定。输水洞、泄洪洞进水塔混凝土抗压强度评定见表3.3-1。

表3.3-1　输水洞、泄洪洞进水塔混凝土抗压强度评定表

<table>
<tr><th rowspan="2">分部工程</th><th rowspan="2">部　位</th><th rowspan="2">设计强度</th><th rowspan="2">试块组数</th><th colspan="3">强度计算结果</th><th rowspan="2">离差系数 C_v</th><th rowspan="2">强度保证率 $P/\%$</th></tr>
<tr><th>（1）式</th><th>（2）式</th><th>结论</th></tr>
<tr><td rowspan="2">输水洞进水塔</td><td>流道</td><td>C18</td><td>5</td><td>22.4>20.7</td><td>14.2<17.1</td><td>不合格</td><td>0.21</td><td>75</td></tr>
<tr><td>1096.00～1132.70m</td><td>C13</td><td>19</td><td>11.5<11.7</td><td>11.8>11.1</td><td>不合格</td><td>0.3</td><td>88</td></tr>
<tr><td rowspan="3">泄洪洞进水塔</td><td>闸室</td><td>C23</td><td>8</td><td>21.1<26.5</td><td>16.9<21.9</td><td>不合格</td><td>0.23</td><td></td></tr>
<tr><td>1089.00～1132.70m</td><td>C13</td><td>33</td><td>11.5<11.7</td><td>10.1<11.1</td><td>不合格</td><td>0.25</td><td>82</td></tr>
<tr><td>牛腿、柱子</td><td>C18</td><td>6</td><td>22.6>20.7</td><td>11.2<17.1</td><td>不合格</td><td>0.31</td><td>68</td></tr>
<tr><td rowspan="2">交通桥</td><td>桥墩</td><td>C13</td><td>9</td><td>17.6>15.0</td><td>12.0<12.4</td><td>不合格</td><td>0.34</td><td>65</td></tr>
<tr><td>桥</td><td>C23</td><td>12</td><td>19.5<20.7</td><td>20.1<20.7</td><td>不合格</td><td>0.17</td><td>73</td></tr>
</table>

根据《混凝土强度检验评定标准》（GB/T 50107—2010）的规定评定结果，输水洞进水塔、泄洪洞进水塔和交通桥混凝土强度皆不合格。特别是泄洪洞进水塔闸室250号混凝土的平均抗压强度小于28天设计抗压强度。输水洞进水塔和泄洪洞进水塔强度保证率小于规定值90%，不满足要求。除交通桥离差系数为一般外，其余皆为较差。

（2）运行期情况分析。目前低水位运用过程中未出现大的质量事故，运行正常。

（3）塔基和塔身混凝土现状评估。

1）塔体混凝土现状。输水洞进水塔和泄洪洞进水塔均于1975年左右设计施工，距今26年之久，塔体外观尺寸符合设计要求。目前塔体水位变动区高程1108.00～1100.00m

冻融破坏严重，表面出现水泥、石子掉块现象，整个形成麻面区域，最大破坏区域约50cm×50cm，一般冻融破坏深度3cm，最深破坏深度6～10cm。输水洞进水塔和泄洪洞进水塔闸门槽下游、底板以上高程1087.00～1088.00m体型变化点出现磨蚀现象，发现蜂窝麻面，进水塔未发现贯穿性裂缝现象。

2）塔架混凝土强度检测。2001年4月，巴家嘴水库管理所对输水洞进水塔和泄洪洞进水塔进行了回弹仪检测。测量结果为：塔架上、下部40～44MPa，碳化深度3～4mm；塔架中部36～38MPa。根据《混凝土强度检验评定标准》（GB/T 50107—2010）的规定，输水洞进水塔和泄洪洞进水塔现场检测混凝土强度判定为合格。但由于回弹法仪器本身的误差和混凝土碳化等因素的影响，回弹法的最高精度为±25%。因此仍认为输水洞进水塔和泄洪洞进水塔混凝土现状质量差。

（4）质量综合评价。输水洞进水塔和泄洪洞进水塔已运行26年之久，施工期混凝土强度不合格，强度保证率达不到规范要求，甚至出现试块平均强度小于28天设计强度的情况。运行期虽未出现大的质量事故，但迄今一直在较低的水位运行，混凝土现状质量差，并且运行期未进行大的维修。目前塔体局部冻融破坏严重，出现水泥、石子掉块现象，整个形成麻面区域。闸门槽局部体型变化范围出现磨蚀和蜂窝麻面现象。但进水塔现场回弹仪检测判定混凝土强度合格，且进水塔未发现贯穿性裂缝现象，整体性尚好。

3.3.1.2 输水洞和泄洪洞洞身及消能工质量分析评价

（1）施工期质量分析。

1）输水洞。原建部分由于缺乏竣工和施工时的各项质检指标，无法逐项进行质量评价。但据1964年5月《巴家嘴水库验收鉴定书》的结论：输水洞原建部分竣工断面尺寸和混凝土质量标准均符合设计要求。

改建部分断面尺寸及其他体型要素满足要求。

改建部分水泥、骨料、砂同塔架部分。

改建部分混凝土抗压强度根据当年的试验报告成果，输水洞、泄洪洞混凝土抗压强度评定见表3.3-2。

表3.3-2　输水洞、泄洪洞混凝土抗压强度评定表

分部工程	设计强度	试块组数	强度计算结果			离差系数 C_v	强度保证率 $P/\%$
			（1）式	（2）式	结论		
输水洞	200	15	142.5<180	131.5<180	不合格	0.20	63
泄洪洞	250	11	157.4<225	156.5<225	不合格	0.117	

根据《混凝土强度检验评定标准》（GB/T 50107—2010）的规定，输水洞和泄洪洞混凝土强度皆不合格。混凝土强度保证率不满足规范要求，离差系数较差。因此混凝土强度指标未达到规范要求。

2）泄洪洞。原建泄洪洞根据施工后1964年5月《巴家嘴水库验收鉴定书》的结论：竣工断面尺寸和混凝土抗压强度符合设计要求，但混凝土骨料大部分使用的是礓石，钙质结核，吸水率大，软化系数较小，抗冻性和强度质量均较差。

改建部分断面尺寸和体型符合设计要求。

改建部分水泥、骨料、砂、级配、混凝土配合比以及掺加剂的实验结果见塔架部分。

据有关试验成果，对14m长的渐变段取样11块，设计要求为250号，所有试件均未达到设计要求，离差系数为0.117。混凝抗压强度不合格，混凝土平均抗压强度低于28天设计抗压强度。由此混凝土强度指标未达到规范要求。

（2）运行期情况分析。工程建成至今，最高运用水位为1115.80m，没有出现大的质量问题，工程运行基本正常。

（3）混凝土结构现状质量评估。

1）输水洞。根据对输水洞的现场检查和走访有关工程运行管理人员，从外观看输水洞主要存在以下质量问题：部分部位出现裂缝，多处因气蚀或冲刷等原因出现较大的凹坑和大范围粗骨料外露，骨料与混凝土分离，部分地方钢筋外露并出现表面锈蚀。止水老化并发生较严重渗水。混凝土外层因碳化侵蚀而老化。总体认为，输水洞现状质量差。

2）泄洪洞。对泄洪洞进行的现场检查和检测的结果如下：0＋016处有两条裂缝，0＋020处有一条较长的裂缝，出口洞顶有一条裂缝；0＋040处出现一般性气蚀。自0＋200以后约120范围内底板等部位出现非常严重气蚀。粗骨料外露，并有较大坑洞，0＋342处约有10m^{2}的范围内气蚀严重，钢筋出露长度约3m，0＋347处气蚀严重，隧洞洞顶气蚀严重。出口泄流陡坡和挑流鼻坎部位气蚀非常严重，边墙和底板出现冲坑，骨料和部分钢筋外露，消力墩因冲刷磨损处于残缺不全状态。

根据回弹仪对泄洪洞的现场检测结果进行计算分析，泄洪洞现场检测混凝土强度判定为不合格。总体认为泄洪洞混凝土现状质量差。

（4）质量分析评价。输水洞和泄洪洞除进口段以外的大部分洞身和消能工运行时间已近40年，改建部分运行也已近30年。其中原建部分从已有的资料看混凝土施工质量基本满足要求，但泄洪洞粗骨料为礓石，强度标准和抗老化指标均较低。而改建部分混凝土强度指标均不合格。由于迄今一直在较低的水位运行，运行期未出现大的质量事故，但混凝土现状质量差，且运行期未进行过大的维修。

但应指出，输水洞和泄洪洞的结构整体性尚好，围岩变形基本稳定，经适当维修后，两条隧洞均可运行。

3.3.2 增建泄洪洞工程质量分析评价

3.3.2.1 增建泄洪洞进水塔工程质量分析评价

（1）施工期质量分析。

1）原材料评价。

水泥采用普硅425号和525号水泥，质量优良。工程所用细骨料主要技术指标符合要求，含泥量稍高。工程所用粗骨料为河床卵石，除含泥量外，其他指标合格。混凝土配合比的设计根据试验确定。

2）混凝土抗压强度。进水塔混凝土抗压强度计算成果见表3.3－3。

表 3.3-3　　进水塔混凝土抗压强度计算成果表

分部工程	部　　位	混凝土量 /m^3	设计强度	试块组数	强度计算结果			离差系数 C_v	强度保证率 P /%
					(1) 式 $R_m-\lambda_1\delta \geqslant 0.9R_m$	(2) 式 $R_{\min}\geqslant \lambda_2 R_m$	结论		
塔Ⅰ（闸室）	1081.50～1097.00m	2520	C23	25	25＞20.7	24.9＞19.6	符合要求		
塔Ⅱ、Ⅲ	1097.00～1115.00m	1630		17	24.6＞20.7	25.2＞19.6	符合要求		
	1115.00～1132.70m	1164	C18	16	23.7＞16.2	25.2＞15.3	符合要求		
塔Ⅲ（工作桥）	桥墩	496	C13	15	12.3＞11.7	11.9＞11.1	符合要求	0.069	98.0
	梁、面	91	C28	9	27.9＞25.2	28.5＞25.2	符合要求		
塔Ⅴ～Ⅵ	闸门二期混凝土	237	C28	24	27.9＞25.2	28.2＞23.8	符合要求		
全　塔		4150	C23	42	25.2＞20.7	24.9＞19.6	符合要求		

塔架混凝土强度合格，塔架混凝土抗压强度离差系数满足优秀条件，塔架混凝土强度保证率满足要求。

(2) 运行期情况分析。

1) 运行情况。巴家嘴增建泄洪洞进水塔。经 1998～2000 年汛期运行，一切正常，未出现任何质量问题。

2) 运行期质量检查。甘肃省水利厅基本建设工程质量检测中心站 1999 年 4 月现场主要对进水塔塔架混凝土强度进行抽检。现场检测高程 1115.00m 以下用回弹法和射钉法校核，检测混凝土强度为 31.1MPa，碳化深度大于 6mm。1115.0～1132.7m 设计 200 号混凝土，检测结果为 25.4MPa。检测结果混凝土强度满足要求。

工作桥支墩设计 150 号混凝土，现场实测 23.7MPa。桥面和桥梁都达到了 200 号和 250 号的设计标准。

(3) 塔基和塔身混凝土现状评估。由于增建泄洪洞进水塔 1997 年建成，运用仅 3 年，塔架又未遇到高水位，塔基和塔体混凝土现状较好。

(4) 质量分析评价。巴家嘴增建泄洪洞进水塔工程施工质量保证体系完善，施工用材水泥质量优良，骨料除含泥量稍高外其他指标比较稳定，混凝土配合比设计合理。混凝土抗压强度合格，离差系数达到优秀，强度保证率满足要求，混凝土浇筑质量达到优良等级。运行期和现状质量良好，工程质量优良。

3.3.2.2　洞身及消能工质量分析评价

(1) 施工期质量分析。

1) 开挖工程。隧洞开挖质量优良，进出口围岩覆盖较薄的洞段在开挖时根据具体情况采取了超前支护、锚喷和钢拱架支护等措施，至永久衬砌浇筑前，未发现有过大的变形。

2) 混凝土工程。

(2) 原材料。增建泄洪洞原材料同塔架部分。

(3) 抗压强度质检结果。洞身部分桩号 0＋025～0＋434 共分 5 个分部工程，均分别取样进行了强度实验，其具体实验结果见表 3.3-4。

表 3.3-4　　混凝土抗压强度实验成果表

<table>
<tr><th rowspan="2">部　位</th><th rowspan="2">方量
/m³</th><th rowspan="2">标号</th><th rowspan="2">试块组数</th><th colspan="2">计算结果</th><th rowspan="2">离差系数
C_v</th><th rowspan="2">保证率 P
/%</th></tr>
<tr><th>$R_m-\lambda_1\delta\geqslant 0.9R_m$</th><th>$R_{\min}\geqslant\lambda_2 R_m$</th></tr>
<tr><td>434.00～415.50m</td><td>452</td><td rowspan="6">R_{250}</td><td>10</td><td>22.8>20.7</td><td>23.8>20.7</td><td rowspan="6">0.064</td><td rowspan="6">97.7</td></tr>
<tr><td>415.50～325.50m</td><td>1489</td><td>40</td><td>21.5>20.7</td><td>20.5>19.6</td></tr>
<tr><td>325.50～225.50m</td><td>2230</td><td>40</td><td>23.6>20.7</td><td>24.8>19.6</td></tr>
<tr><td>225.50～75.50m</td><td>3783</td><td>58</td><td>25.2>20.7</td><td>23.9>19.6</td></tr>
<tr><td>75.50～25.00m</td><td>1384</td><td>24</td><td>23.6>20.7</td><td>25.3>19.6</td></tr>
<tr><td>全洞</td><td>9338</td><td>172</td><td>23.8>20.7</td><td>20.5>19.6</td></tr>
</table>

从表 3.3-4 可以看出：洞身部分作为一单位工程，共分 5 个分部工程，优良率为 100%。

（4）运行期情况分析。

1）运行情况。增建泄洪洞工程运行状况良好，未出现异常情况。

2）运行期质检部门检测结果。工程竣工后，甘肃省水利厅基本建设工程质量检测站于 1999 年 4 月对工程进行了现场质量抽检，其中隧洞部分对洞身和底板混凝土都进行了回弹法强度实测。混凝土强度合格。此外也对混凝土外观及开挖工程、模板、钢筋、伸缩缝及止水等项目进行了检测和评估，认定工程质量优良率为 100%。

（5）洞身混凝土现状评估。根据增建泄洪洞运行 3 年以来的实际情况和现场查勘，认为混凝土现状良好。

（6）质量分析评价。根据设计和运用对增建泄洪洞的质量特性要求和以上各项分析，增建泄洪洞工程施工质量保证体系完善。其中，隧洞开挖质量优良。混凝土原材料基本满足有关要求。混凝土配合比及施工工艺合理，强度检验结果全部合格。其他如止水、排水和灌浆等效果较好，混凝土外观质量达到国标的要求。

3.3.3　进口黄土高边坡

（1）施工质量分析。从边坡开挖的外观质量看，边坡和平台均较平整，排水沟坡降均匀，整个边坡未发现有明显裂缝。

（2）运行期情况分析。黄土高边坡于 1994 年完成施工，运行已近 7 年。运行中经过多次暴雨的考验，只有局部因暴雨和洪水冲刷有小规模坍塌，并已重新修整处理，未发现影响整体稳定安全的险情，因此。可以认为运行情况良好。

（3）质量分析评价。进口黄土高边坡坡型结构较为合理，施工中体型尺寸与设计相比虽有所变化，但总体安全性能满足使用要求。施工期开挖质量较好，运行期运行状况良好，因此进口黄土高边坡总体质量合格。

3.3.4　结论

（1）输水洞进水塔和泄洪洞进水塔。输水洞进水塔和泄洪洞进水塔已运行近 30 年，施工期水泥受潮严重、结块多，混凝土强度不合格；运行期虽未出现质量事故；目前塔体水位变动区冻融破坏严重，流道体型变化点出现磨蚀现象，但进水塔未发现贯穿性裂缝现象，现场检测强度合格，整体性能尚好。

（2）输水洞和泄洪洞。输水洞和泄洪洞除进口段以外的大部分洞身和消能工运行时间已近40年，改建部分运行也已近30年。其中原建部分混凝土施工质量基本满足要求，但泄洪洞粗骨料为礓石，强度标准和抗老化指标均较低。而改建部分混凝土强度指标均不合格。运行期虽未出现大的质量事故，但迄今一直在较低的水位运行，混凝土现状质量差，并且运行期未进行大的维修。但应指出，输水洞和泄洪洞的结构整体性尚好，围岩变形均已基本稳定，经适当维修后，两条隧洞均可运行。

（3）增建泄洪洞及增建泄洪洞进水塔。增建泄洪洞及增建泄洪洞进水塔混凝土浇筑质量达到优良等级，运行期和现状质量良好，工程质量总体为优良。

（4）进口黄土高边坡。进口黄土高边坡施工期开挖质量较好，运行期运行状况良好，因此进口黄土高边坡总体质量合格。

4 巴家嘴水库结构安全评价

4.1 大坝变形分析评价

4.1.1 前期观测成果分析

坝体经过两次加高和三次灌浆，各个时段的变形情况对以后变形会产生一定的影响，对前期观测成果的分析可判断坝体变形的基本规律和今后的变形发展趋势。

历年最大年沉降量发生在二期加高施工期的1975年，其值为419mm。

从前期1958～1983年观测成果看，大坝变形符合一般规律，即上游坡向上游移动，下游坡向下游移动。大坝两次加高期间和灌浆期间的变形量更大，说明外荷对变形的作用明显。

4.1.2 近期观测资料的整理分析

由于大坝经过数次加高和加固，位移标点位置也多次变化，因此仅对1988～2000年水平位移和垂直位移的原型观测资料进行整理归纳，对代表性的断面资料分析。

现有水库正常水位下的沉降变形，横断面上的同一高程，坝顶断面累积沉降量最大，往上、下游坡随高程的降低（坝体高度降低），沉降量逐渐减小；同一纵断面上，河床部位的沉降量最大，往两岸沉降量逐渐减小。其共性是，沉降值随坝高的增加而增大，符合一般规律。

从坝体各观测标点沉降量变化趋势分析，1988～1993年，沉降量较大，平均年沉降量27mm，约为坝高的0.036%，1991年沉降量最大，最大值发生在22测点（0+317断面，高程1117.70m），为60mm，每年的沉降值虽有差异但总体趋于稳定。1993年后沉降率非常小，到2000年坝体年最大沉降量仅7mm（发生在上游坝坡位置），部分标点（如测点12、测点21）沉降几乎为0。1993～2000年平均年沉降量2mm，约为坝高的0.003%。1996～2000年年最大沉降量均小于10mm，比以往的年份小得多。根据其趋势和一般的工程经验，在目前的水位下已趋近沉降稳定状态。

水平位移，上游坡向上游移动下游坡向下游移动，坝顶向上游移动，亦符合土坝变形的一般规律。坝体水平位移最大的部位，上游坡发生在高程1117.70m的0+197断面，位移值为79.1mm；下游坡发生在高程1117.70m的0+237断面，位移值为61.1mm，同一般工程经验的变形规律相一致。1988～1996年上游坡测点40（高程1117.70m，0+197断面）平均向上游侧的位移值为25.5mm；下游坡测点36（高程1116.70m，0+237断面）向下游侧的平均位移值为12.8mm。1998年后水平位移值很小，有的甚至为0（如标点6），1998～2000年年平均向上下游的位移值1.9mm。1998～2000年年最大水平位移值均小于10mm，比以往的年份小得多。在现状运行条件下水平位移已接近稳定状态。

虽然目前水库水位运用条件下（水位高程1105.00～1112.00m）变形已趋于稳定，但水库并未在设计乃至校核洪水位下经受考验。而且筑坝土料和两岸坝基为湿陷性黄土，水库蓄水随水位的升高坝体上部的沉降量将会逐渐增大，因此需对高水位下沉降变形进行分析。

4.1.3 湿陷计算分析

根据1964年坝体取样试验结果，坝体黄土湿陷变形系数的范围值在0.0073～0.0983之间，一般值在0.077左右。

1991年实测浸润线与当前设计洪水位（1119.92m）形成稳定渗流的浸润线，计算浸润线升高后湿陷变形值计算成果见图4.1-1。

达到设计洪水位后，估算表明可能产生最大湿陷变形量为49.4cm，一般值为7.6～38.7cm。

在横断面上沉降差较大，存在产生纵缝的可能性。

最大沉降率$\rho=1.6\%$，坝体可能出现新的裂缝。由于坝体以前已产生裂缝，如果再进行湿陷，原来的裂缝将会开展得更宽，并存在形成贯通性裂缝的可能性。

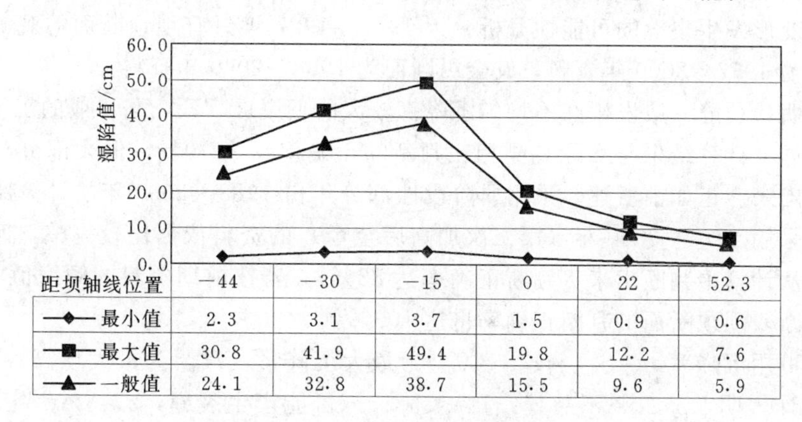

距坝轴线位置	−44	−30	−15	0	22	52.3
最小值	2.3	3.1	3.7	1.5	0.9	0.6
最大值	30.8	41.9	49.4	19.8	12.2	7.6
一般值	24.1	32.8	38.7	15.5	9.6	5.9

图4.1-1 湿陷计算成果图

4.1.4 坝体裂缝分析

（1）坝体裂缝原因分析。大坝产生裂缝原因分析主要从大坝本身的质量缺陷（内因）和外界条件的改变（外因）两个方面分析。

产生裂缝的内因主要表现在下列几个方面：

1）基础处理缺陷，是两坝肩产生横缝的主要原因。

2）初建坝体填筑质量差。

3）坝体土料本身具有湿陷性。

产生裂缝的外因主要是大坝现状条件的改变，水库蓄水使坝体内浸润线抬高，坝体坝基产生压缩沉降和湿陷性变形；坝前淤积的升高和坝体加高，使大坝承受偏荷载，使大坝产生纵向裂缝；坝体灌浆，增加了坝体土料的含水量，引起压缩沉降和湿陷变形等。上述外部条件的改变引起大坝产生裂缝，从坝体裂缝开展集中的几个时段，可以得到很好的证明。

一、二期加高过程中，在老坝体中产生多条纵缝，主要是由于新筑坝体对老坝体施加偏荷载，加剧了坝体上下游不均匀沉降引起的。

在前两次的灌浆加固过程中出现较多的裂缝，均是由于清水灌浆造孔和浆液析水固结，坝体湿陷不均匀沉降的结果。

1998 年发生裂缝的位置在桩号 0＋157～0＋197 之间，一般在 1996 年灌浆影响范围内，由此推测，这些裂缝可能是由灌浆所致。

由于汛期水库高水位运行时间较短，形不成较高的浸润线，且目前大坝沉降变形已基本趋于稳定，如果大坝继续维持低水位运行，则今后坝体裂缝不会继续大规模的开展。但当水库在设计水位下运行时，浸润线的抬高使坝体由于湿陷不均匀变形产生新的裂缝，若浸润线高于横向裂缝底部时，极有可能因集中渗流而产生冲刷破坏。

（2）裂缝计算分析。裂缝分析采用基于沉降观测资料的倾度法，临界倾度与其土料的性质有关，一般经过室内试验和现场分析研究，确定出临界值，用以作为开裂的标准。工程无此方面的试验资料，根据前期的变形成果和实际裂缝资料，找出相关关系拟定。

前期变形资料计算表明，倾度值大于 0.2％时两测点之间均产生裂缝。已有工程经验，临界倾度值一般在 0.5％～1.5％之间。考虑巴家嘴大坝坝体填筑质量差的实际情况，将临界倾度值确定为 0.35％。

对现状变形发生裂缝的可能性分析。因 1977～1987 年只有坝顶断面的观测资料，所以坝顶断面为 1977～2000 年资料，其余纵断面为 1988～2000 年资料。

计算表明，裂缝一般发生在不均匀沉降率较大的近岸坡坝段，与一般的工程经验相一致。虽然总体上计算结果与实际观测相比判断的正确率约为 70％，但大部分产生裂缝部位未能判断出来。正如前所述，采用非阶段性部分年份 1988～2000 年的计算结果偏差较大。而坝顶采用 1977～2000 年（第二次加高后至今）的资料依据比较完整，四处裂缝中的三处裂缝从计算中判断出来（判断正确率达 83％），若按前期资料的倾度值 0.2％即产生裂缝来判断，坝顶断面的判断正确率将达 100％。

经验法可用沉降率 $\rho=S_{\max}/H_{\max}$（$S_{\max}$为最大沉降量，$H_{\max}$为最大坝高）判断裂缝。已有工程统计表明，$\rho<1\%$不裂缝，$1\%<\rho<3\%$可能产生裂缝，$\rho>3\%$一定产生裂缝。截至 2000 年，最大坝高处累计沉降量为 2738mm，占总坝高的 3.7％，由此可说明坝体产生裂缝是必然的。

4.2 稳定复核

4.2.1 坝体物理力学指标分析

坝体填筑质量很不均匀，综合各种因素，抗剪强度指标确定见表 4.2-1。

表 4.2-1 坝体稳定复核的物理力学强度指标

项目		湿容重 /（g/cm³）	饱和容重 /（g/cm³）	抗剪强度		试验方法
				凝聚力 /（kg/cm²）	内摩擦角 /（°）	
坝基亚砂土		1.67	1.97	0.07	23.5	总应力指标
淤土	高程 1105.00m 以上	1.82	1.90	0.028	6.7	总应力指标
	高程 1095.00m 以下	1.82	1.90	0.113	10	总应力指标
初建坝体	坝高 30～40m 范围			0.12	23	自然固结快剪
	其余坝体	1.87	2.01	0.20	25	自然固结快剪
加高坝体		1.82	1.98	0.21	25	自然固结快剪

4.2.2 稳定计算

计算程序采用中国水利水电科学研究院陈祖煜编制的“土石坝边坡分析程序《STAB》”。选取河床段的 0+317.0 断面进行计算。

计算结果见图 4.2-1。

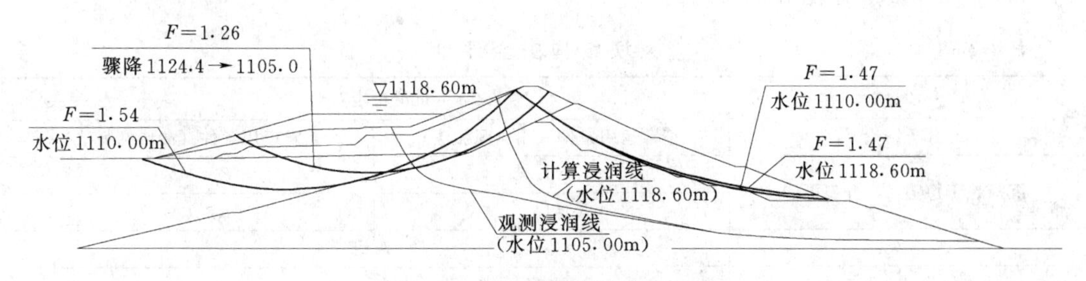

图 4.2-1 边坡稳定计算成果图

4.3 大坝结构安全基本结论

(1) 大坝变形。坝体的沉降和水平位移在无外荷时已接近完成，若浸润线不升高，将不会出现较大的变形量。

裂缝一般出现在坝体加荷过程中，两次坝体加高期间、前两次灌浆期间发生的裂缝多，一期加高期间发生的裂缝规模最大。在坝体变形趋于稳定的情况下，裂缝的开展主要与外荷有关。从现有的变形观测资料分析，坝体在当前运用条件下的沉降变形已基本完成。由此认为，水库持续维持低水位运行情况下，若不施加新的外荷，发展趋势为，裂缝维持于现状，将不会发生较大规模的裂缝。

坝体内部裂缝由于隐蔽性强，虽经多次开挖探寻，毕竟难以完全摸清。通过两次灌浆的效果进行分析，虽然能灌浆封堵部分裂缝，甚至曾在大坝中形成一道帷幕，但是在大坝运行过程中，已封堵的裂缝可能重新张开。

另外，坝体表面由于土体浸水失水可能发生龟裂缝。

更加重要的是，如果今后大坝在高于已有的常水位（高程约 1112.00m）下运行，比如达到正常蓄水位（高程 1119.92m）运行，那么坝体上部在约 8m 水头的作用下，坝体将会继续湿陷变形，产生裂缝的可能性是存在的。另外，大坝水位升高后，坝体内浸润线将抬高，浸润线下大坝各部位承受的水头将增大，造成的直接后果是坝体内已灌浆的裂缝可能重新张开，现有裂缝可能增大，进而连通而产生集中渗漏。因此，大坝水位抬高后裂缝依然是影响坝体防渗性能的最大因素。

由于大坝采用湿陷性黄土筑坝，前期施工质量较差，中间经过多次加高加固等，存在的问题较多，在运行过程中逐渐暴露出来，仅仅从某一方面进行论证是不能作出合理判断的。据上述变形及裂缝分析，在当前的运用方式下，坝体结构基本安全。如果偏离目前的状态，水库达到设计洪水位，气候条件变化恶劣等，将会因湿陷产生新的沉降，原裂缝可能进一步发展形成渗漏通道，对大坝的安全将构成较大威胁。

综上所述，依据大坝安全评价导则，大坝变形安全性为 B 级。

(2) 边坡稳定。根据稳定计算成果，大坝边坡稳定满足现行规范要求。按照大坝安全评价导则，大坝抗滑稳定安全为A级。

(3) 大坝结构安全综合结论。巴家嘴大坝属2级坝，按照《水库大坝安全评价导则》(SL 258—2000) 附录B中表B2-1的规定，依据以上分析的结果，得出结论为：大坝结构安全性为B级（见表4.3-1）。

表4.3-1　　大坝结构安全评价

变形分析	抗滑稳定安全	
分析结论	正常运用条件（瑞典圆弧法）	非常运用条件（瑞典圆弧法）
沉降趋于稳定，有开裂可能	$K=1.47$	$K=1.26$
	$K>1.40$	$K>1.25$
B级	A级	
B级		

4.4 输水泄洪建筑物综合评价

4.4.1 进水塔稳定及内力计算分析

稳定计算分析：进水塔整体稳定分析包括抗滑、抗倾及地基应力。

(1) 稳定安全系数标准。本次稳定复核安全系数标准见表4.4-1。

表4.4-1　　最小安全系数标准表

类　别	安　全　系　数	
	设计情况	校核情况
抗滑稳定	1.25	1.10
抗倾覆稳定	1.30	1.15

地基应力控制：不出现拉应力。

(2) 进水塔计算结果及成果分析。计算结果见表4.4-2～表4.4-4。

表4.4-2　　输水洞进水塔稳定计算成果汇总表

项目 / 计算工况	稳定安全系数			地基反力/MPa			
	抗滑	抗倾		绕前趾倾		绕后踵倾	
		绕前趾倾	绕后踵倾	$\sigma_{上}$	$\sigma_{下}$	$\sigma_{上}$	$\sigma_{下}$
设计洪水	很大	2.72	1.99	0.53	0.68	0.17	1.00
校核洪水	很大	2.36	1.76	0.54	0.57	0.13	0.97

表4.4-3　　泄洪洞进水塔稳定计算成果汇总表

项目 / 计算工况	稳定安全系数			地基反力/MPa			
	抗滑	抗倾		绕前趾倾		绕后踵倾	
		绕前趾倾	绕后踵倾	$\sigma_{上}$	$\sigma_{下}$	$\sigma_{上}$	$\sigma_{下}$
设计洪水	43.3 (34.6)	1.76	2.15	0.71	0.19	0.19	0.71
校核洪水	21.0 (16.8)	1.63	2.05	0.70	0.15	0.70	0.15

注　表中括号内数字为摩擦系数0.4时计算结果。

表 4.4-4　　　　增建泄洪洞进水塔稳定计算成果表

计算工况（类别）		倾覆方向	抗滑安全系数 K	抗倾安全系数 K	地基应力/MPa	
					$\sigma_{上}$	$\sigma_{下}$
设计情况	高程 1119.92m 开工作门	向上游	3.31	1.384	0.28	0.39
		向下游		1.330	0.39	0.28
校核情况	高程 1125.57m 开工作门	向上游	2.627	1.353	0.21	0.42
		向下游		1.272	0.21	0.42

根据上述计算结果，各进水塔的抗滑、抗倾稳定均满足安全标准要求。地基应力未出现拉应力，但输水洞压应力达到 1.0MPa，与最大承载力相同，可以认为基本满足要求。

4.4.2　结构内力计算及分析

（1）进水塔结构内力复核计算及分析。本次复核输水洞进水塔和泄洪洞进水塔塔筒和流道各选取一个最危险断面，增建泄洪洞进水塔塔筒和流道各选取两个断面，对新的校核洪水位 1125.57m 进行计算，其结果如表 4.4-5。

表 4.4-5　　　　进水塔复核结构计算成果表

塔架复核剖面	控制杆件	控制断面	剪力/kN	轴力/kN	弯矩/(kN·m)	计算钢筋面积/mm²	实际配筋面积/mm²	选用钢筋
输水洞进水塔 1096	侧墙	杆端	684	656	331	构造	5655	8Φ30
	中墙	杆端	655	684	296	184	804	4Φ16
输水洞进水塔 0+006.5	底板	跨中		740	−289		2060	4Φ20+4Φ16
	侧墙	杆端	740	347	647	构造筋	1520	4Φ22
泄洪洞进水塔 1096	侧墙	杆端	765	918	616	95	2460	4Φ28
	下游边墙	杆端	918	765	501		1900	5Φ22
泄洪洞进水塔工作门后	底板	杆端	761	910	285		1520	4Φ22
	侧墙	杆端	740	761	829	构造（48）	1520	4Φ22
增建泄洪洞进水塔 1115	上游边墙	杆端	592	453.8	610.95		3459	5Φ25+5Φ16
	侧墙	杆端	521	592	712.8	2175	3459	5Φ25+5Φ16
增建泄洪洞进水塔 1100	上游边墙	杆端	1253	1076	1236	2354	3079	5Φ28
增建进水塔 0+006.7	底板	跨中		1480	2132	994.6 构造	6158	2×5Φ28
	侧墙	杆端	1480	2260	2234	320 构造	4909	2×5Φ25
增建进水塔 0+018.2	底板	跨中		2170	2652	121.8 构造	6158	2×5Φ28
	侧墙	跨中		1680	2902	1081 构造	6158	2×5Φ28
	顶板	跨中		1938	2023.5	构造	4909	2×5Φ25

（2）进水塔现状情况分析。输水洞进水塔和泄洪洞进水塔目前塔体冻融破坏严重，流道存在磨蚀现象。结合冻融破坏现状，将断面减少 10cm 进行结构配筋计算，结构受力仍

满足要求。但并不能说明结构受力就没有问题，随着时间的推移，冻融破坏会更严重，一旦出现露筋造成钢筋锈蚀或断裂，将对塔架的安全运行造成威胁。两塔架流道局部磨蚀，尚不影响结构安全。

计算结果为构造配筋，原结构强度设计满足要求。

从总体看，两塔架运用时间较长，加之原施工质量未完全达到规范要求，结构现状质量较差。

增建泄洪洞进水塔施工质量好，自完工运用以来运行效果良好。设计混凝土强度也较高。因此，结构现状良好。

4.4.3 进水塔结构综合评价

输水洞进水塔和泄洪洞进水塔稳定、内力复核结果皆满足强度要求，虽然水位变动区冻融破坏严重，流道体型变化处出现磨蚀现象，但塔架目前未发现贯穿性裂缝，这说明两塔架整体完整性尚好，经过进一步加固处理后，仍可以较安全运行。

增建泄洪洞进水塔稳定、内力复核结果皆满足强度要求。施工质量及结构现状良好，满足安全泄洪的要求。

4.4.4 输水、泄洪洞内力计算分析

（1）输水洞。输水洞进口段改建部分，按复核后设计水位 1119.92m 计算，结构配筋满足要求，满足限裂要求。输水洞原建部分混凝土标号为 170 号，衬砌厚 0.3m，按复核后设计水位 1119.92m 计，内侧、外侧结构配筋满足要求，但限裂不满足要求。但在水位 1110m 时，结构配筋满足要求，限裂亦满足要求。

（2）泄洪洞。泄洪洞改建部分混凝土标号 250 号，衬砌厚 0.7m，钢筋混凝土结构主筋为Φ16@125，设计水位 1119.92m 时，计算结果需配筋Φ16@143，结构配筋满足要求。泄洪洞原建部分洞径 4m，混凝土标号 140 号，衬砌厚度 0.4m，钢筋混凝土结构主筋为Φ24@200，复核后设计水位 1119.92m 时，结构配筋为Φ24@200，结构强度满足要求。

（3）增建泄洪洞。增建泄洪洞为明流城门洞型，洞径尺寸 5m×7.5m，为钢筋混凝土整体结构，混凝土标号 250 号，衬砌厚度 0.6～1.0m 不等。复核计算结果表明，增建泄洪洞结构强度满足要求，并满足限裂条件，可正常运行。

（4）输水、泄洪洞现状分析。从输水洞施工期质量看，输水洞原建部分验收鉴定书虽然肯定了施工质量合格，但未见具体的实验数据指标；而改建部分 200 号混凝土的强度合格率仅为 53.3%，未达到设计标准。

从洞身外观情况看，许多部位混凝土外层已剥落，骨料外露，钢筋裸露并出现锈蚀，接缝处止水已老化损坏，洞身一些部位，出现裂缝。每次输水后，均出现较多渗水从裂缝或伸缩缝涌出，表明止水已不起作用，某些裂缝可能已贯穿。

因此，输水洞运用期已较长，加之施工质量未完全达到设计要求，结构现状质量较差。

根据当年原建泄洪洞验收鉴定书的结论：混凝土抗压强度符合设计要求，但混凝土骨料大部分使用的是礓石，软化系数较小，抗冻性、耐久承压性较差；改建部分 250 号混凝土当年实验取样 11 块，竟无一块达到设计强度标准。

从洞身外观看，有磨蚀气蚀现象，部分钢筋严重外露，特别是隧洞出口泄流陡坡和挑

流鼻坎部位，已被严重的磨损和气蚀，其消力墩部分已损坏，止水也已老化或不起作用。

考虑到泄洪洞运用期时间较长，原施工质量较差，结构外观气蚀磨损严重、混凝土出现碳化老化等因素，结构现状质量较差。

（5）增建泄洪洞。增建泄洪洞施工质量好，其优良率接近100%，其外观质量也属优良，运用以来运行效果良好。设计混凝土强度也较高，因此，结构现状良好。

4.4.5 结构安全性能综合分析评价

输水洞现状质量较差，混凝土强度较低，局部老化损坏严重，在遭遇设计洪水等较高水位运行时，改建部分基本满足限裂要求，但已存在裂缝等有缺陷部分，可能出现较大开裂。原建部分强度更低，已出现较严重的裂缝，不满足压力洞限裂要求，但整条输水洞整体尚好，经过进一步修复加固后，仍可运行。

泄洪洞施工和现状质量均较差，混凝土特别是原建部分强度指标低，建筑物气蚀磨损严重，部分钢筋锈蚀。在遭遇设计洪水泄洪时，可能出现较严重的气蚀或开裂破坏，但整体安全性基本满足泄洪要求。为防止可能产生的气蚀或开裂破坏，必须对泄洪洞进行修整加固，修复加固后，可较安全的运行。

增建泄洪洞断面尺寸大，施工质量及结构现状均好，结构强度和限裂均满足要求。

4.5 进口黄土高边坡稳定性分析评价

（1）稳定计算结果及分析。水位1115.00m本次复核安全系数为1.094，略小于允许安全系数1.10，而技施设计此工况安全系数为1.184，大于允许安全系数。粗略判断边坡基本满足稳定设计要求。

黄土高边坡的施工于1994年即已完成，运行已近7年。运行中经过多次暴雨的考验，只有局部因暴雨和洪水冲刷有小规模坍塌，并已重新修整处理。未发现影响整体稳定安全的险情，因此，可以认为运行情况良好，高边坡现状情况下处于稳定状态。

（2）分析评价。黄土高边坡稳定复核计算结果，粗略判断稳定基本满足要求；运行中经过多次暴雨的考验，未发现影响整体稳定安全的险情，可以认为运行情况良好，高边坡现状情况下处于稳定状态。综上所述，边坡目前处于稳定状态。

但是黄土高边坡稳定问题仍然是一个需要非常重视的问题，黄土高边坡运行管理要定期对高程1132.70m以上的高边坡进行稳定观测，及时清理各平台排水渠中的沉积物，做到排水畅通，如发现异常裂缝，要进行深入细致的探测分析，采取适当措施，及时进行处理，避免恶性事故的发生。

4.6 结论

（1）坝体变形。目前坝体变形已趋于稳定，裂缝依然存在，高水位下，可能会产生新的裂缝，并使现有裂缝继续开展，甚至相互贯通，引发集中渗流和接触冲刷破坏。坝体抗滑稳定满足有关规范规定。综合分析认为大坝安全性为B级。

（2）进水塔。输水洞进水塔和泄洪洞进水塔稳定、内力复核结果皆满足强度和规范要求，虽然水位变动区冻融破坏严重，流道体型变化处出现磨蚀现象，但塔架目前未发现贯穿性裂缝，这说明两塔架整体完整性尚好，经加固处理后，可以较安全运行。

增建泄洪洞进水塔施工质量优良，运行期状况良好。经复核增建泄洪洞进水塔稳定、内力均满足规范和强度要求，混凝土外观质量好，运行至今，未发现破坏，因此增建泄洪洞进水塔结构总体性能质量均好。可安全运用。

（3）洞身段。输水洞施工期质量不合格。经过数十年的运行，洞身结构混凝土外观或内部性能段均已恶化。混凝土总体现状质量差。

按现有计算条件下的计算成果分析，输水洞改建部分基本满足限裂要求，原建部分强度更低，不能满足限裂要求。在遭遇设计洪水泄洪时，可能出现更严重的气蚀或开裂破坏。但在非汛期蓄水位 1110.00m 时，结构强度满足要求。由于原建部分占输水洞比例较大，且施工质量较差，参照混凝土坝定级标准，将其定为 C 级。

泄洪洞施工质量差，改建部分混凝土强度不合格。泄洪洞原建洞身混凝土结构的现状质量类似输水洞，特别是下游消能工，现状总体质量差。

按确定的计算条件下的计算成果分析，在忽略泄洪洞现有缺陷下，仅按结构体型和强度分析，泄洪洞在遭遇设计洪水时，结构安全基本满足要求。但会使已有的裂缝和气蚀部位产生更严重的破坏，即存在安全隐患。混凝土结构整体性基本完好。

增建泄洪洞施工质量优良，运行期状况良好。根据复核计算的成果分析，结构强度满足要求。混凝土外观质量好，运行至今，未发现气蚀破坏，因此增建泄洪洞结构总体性能质量均好。

由于输水洞原建部分所占比例较大，不能满足限裂要求且施工质量较差，参照混凝土坝定级标准，将其定为 C 级。泄洪洞结构计算满足要求，但其现状质量隐患较严重，定为 B 级。增建泄洪洞定为 A 级。三个进水塔稳定、内力均满足要求，定为 A 级。

（4）黄土高边坡。黄土高边坡边坡基本满足稳定要求。黄土高边坡运行情况良好，现状情况下处于稳定状态。综上所述，边坡目前处于稳定状态。

5 巴家嘴水库渗流安全评价

5.1 大坝渗流安全评价

5.1.1 渗流评价存在的问题

巴家嘴水库大坝渗流安全评价，主要是根据水库运用中实测的数据和实际发生的现象，分析大坝的渗流状态，进而计算分析高水位下坝体的渗流特征。巴家嘴水库的情况较为特殊，1973年以来，水库实际上处于“空库”运行状态，除汛期短时间上滩外，库水位距坝体的距离约30m，坝体未直接挡水，实测浸润线也难以反映坝体实际的渗流状态。水库投入运用以来，渗流量观测资料很少，1973年以来，坝体渗流资料未系统整编。

坝体实测浸润线和渗流量均是大坝渗流安全分析的主要依据，上述资料的缺乏，给大坝渗流安全评价带来了一定的难度。

5.1.2 主要防渗与排水措施

坝基防渗采用水平铺盖防渗。铺盖长174m，铺盖上游端厚度1m，下游侧厚度6m，铺盖材料同坝体。为了延长渗径，沿坝轴线方向设置三道黏土齿墙。

坝体与基岩接触部位，除黏土截水槽处对基岩进行水泥勾缝处理外，其他部位未采取任何处理措施，老坝体与裂隙发育的岩石直接接触，存在接触面冲刷问题。对于左岸山体绕坝渗流，未进行防渗处理。

坝基排水只在河槽部位布置，采用坝下排水暗管，并结合贴坡排水的型式。纵向排水暗管设置一道，布置在坝址上游102m处，长102m；横向排水暗管布置5道，其中4道上游接纵向排水暗管，下游接坝址贴坡排水。排水暗管采用大卵石、卵石及粗砂堆筑成反滤排水体。

两岸坝肩排水分为两部分：老坝体与岸坡接触部位，未设置排水层，只在坝体表面设置了反滤式排水沟；一期加高坝体与基岩接触部位，设置了排水层。

5.1.3 大坝运行渗漏情况及处理

水库在运用中，坝基和两岸坝肩一度出现了严重的渗漏。坝下T_{11}孔涌水量达19L/s，坝下游河床部位，沿坝脚出现呈线状分布“管涌”群，水头将排水暗管中砂粒顶托1～3cm，形成直径2～10cm的砂环，砂粒向四周流动，形成层状堆积。随着水库淤积的抬高，坝基渗水量减少。

左岸下游坡与岸坡连接处有泉水出露。1961年春，右岸下游坝脚出现湿润和翻浆现象，夏季更为严重，右岸由于砂岩以上有砂砾石层，当坝前泥沙淤积超过其顶高程1071.00m以后，渗流量有所减少。

两岸岸坡段，坝下未设置反滤排水设施，表层的排水沟难以有效排泄坝体、坝基的渗水。随着库水位的升高，下游侧发生出渗现象的位置亦随之升高，如1972年冬季坝右岸下游侧台地湿润面增大，有明显的渗透水流；左岸砂岩湿润面升高，渗流量增大。

右岸台地湿润和发生渗水现象，主要和坝基存在透水性较大的砂卵石层，且右岸坝基未设置排水有关，针对上述问题，1976年在右岸下游台地增设了反滤排水体。右岸台地增设排水暗管增设后，地面湿润和渗水现象消失。左岸未采取加固处理措施。

坝基渗流出现上述问题并采取加固处理措施后，到目前为止，坝基未出现渗流逸出现象。

5.1.4 渗流计算分析

大坝渗流计算分析，首先根据坝体、坝基和库内淤积的试验和类比资料，确定各主要材料的渗透系数，通过对上述材料渗透系数的模拟，与大坝渗流观测结果比较，进行反演分析，确定与实测结果相一致的坝体、坝基和淤积的渗透系数。反演分析主要对库水位1085.00m（1965年）和1096.50m（1972年）的水库运用情况进行了计算，计算结果吻合较好。

根据反演分析结果，进行高水位条件下，坝体渗流稳定计算分析。计算中假定老坝体为均质。计算采用黄委会水科院编制的二维有限元渗流计算程序。

高水位运用条件下，大坝渗流稳定计算分析取下列三个断面：

(1) 河床段（最大断面），考虑坝下排水暗管工作正常。

(2) 左坝肩段，坝下无排水系统，坝体与基岩直接接触。

(3) 右岸坝肩段，坝基含有黄土和砂卵石覆盖层，考虑右岸台地新增设的排水暗管。

大坝渗流分析计算参数见表5.1-1，渗流计算结果见表5.1-2。

表5.1-1　渗流分析计算参数表

材料		渗透系数/(cm/s)
淤积		6.6×10^{-5}
老坝体、一期加高坝体		2.5×10^{-5}
二期加高坝体		4.8×10^{-6}
上部基岩（厚10m）		5×10^{-2}
下部基岩		2×10^{-3}
右岸坝基覆盖层	黄土	6.5×10^{-4}
	砂卵石	3.3×10^{-3}

表5.1-2　渗流计算结果表

计算断面	渗透比降		单宽渗流量/(m³/d)	出逸高度/m
	部位	计算值		
河床段	坝体与基岩接触段	0.160	30.00	不出逸
左坝肩	坝体与基岩接触段	0.140	63.60	不出逸
	下游坝脚	0.130		
右坝肩	反滤排水出口	0.012	23.33	不出逸
	下游坝脚	0.136		

5.2 结论

从渗流计算结果来看，坝体不会出现出渗现象，下游坝脚和排水出口的渗透比降均较小，小于按经验确定的允许比降值，说明大坝在高水位运用情况下，坝体坝基的结构是满足渗透稳定要求的。但坝体坝基在三个坝段单宽渗流量相对较大，总的坝体坝基渗流量为 $12160m^3/d$。

渗流计算是在考虑老坝体为均质条件下的结果，由于老坝体施工质量较差，加之沉降变形，坝体内部会存在一定的裂缝，对于裂隙渗流已不满足达西定律。对于坝体裂隙渗流，在无反滤保护的条件下，极易发生渗透破坏。

根据对巴家嘴水库渗流安全各方面的分析，在从坝体、坝基渗流控制措施方面，大坝均基本能满足在高水位条件下的运行要求，但在大坝整体防渗性能方面，仍存在较多的隐患因素。

巴家嘴大坝属2级坝，按《水库大坝安全评价导则》（SL 258—2000）中“6.6 渗流安全的综合评价”评价标准，依据上述大坝渗流评价结果，得出基本结论为：大坝渗流安全性为B级。

6 巴家嘴水库金属结构安全评价

6.1 金属结构安全检测结果分析

巴家嘴水库管理部门委托甘肃省水利厅基本建设机电安装工程质量检测站对水库输水、泄洪洞的金属结构设备进行了现状观测和安全检测。根据安全检测的结果看，现有金属结构设备存在的问题不少。如：拦污栅因锈蚀严重已废弃不用；闸门普遍存在止水老化、漏水；面板严重锈蚀；底槛遭受泥沙严重冲刷，凸凹不平；闸槽局部变形，闸门升降不畅；个别构件的焊缝开裂以及压力钢管局部锈蚀已接近穿透等。启闭机设备普遍存在钢丝绳严重锈蚀、磨损和断丝、断股、润滑不良；制动装置制动不灵；电控元件老化、损坏；配电盘经常短路等。个别启闭机的钢丝绳整根断裂后插接使用，这是非常危险的。

6.2 金属结构计算结果分析

根据检测资料的实测数据，并按新的调洪标准复核水位对金属结构设备进行核算。其结果是金属结构设备的强度和启闭能力基本能够满足要求。

6.3 结论

根据实测资料与计算分析结果来看，金属结构的闸门类设备基本安全，在加强监控和维护的条件下基本可以运行，这类金属结构设备整体上可定为B级；压力钢管厂外部分基本安全，定为B级，厂内部分接近锈穿，已不安全，定为C级；启闭机设备存在的问题较多，且由于设备本身型号陈旧，设备上的一些部件早已淘汰，更换困难，已不宜再进行技术改造，如继续使用，隐患较多，故安全性定位C级。

将泄洪洞、输水洞以及发电隧洞综合到一起，整体上金属结构设备的安全性评定为C级。

7 巴家嘴水库运行管理评价

7.1 管理机构

大坝的运行管理由水库管理所负责。目前水管所有管理人员47人，其中行政干部5人，技术干部10人，技工33人。单位内设水管组、检测组、办公室及开发公司等组织机构，重点开展主要建筑物的检测检查、养护维修、防汛抢险、兴利调度及综合经营等管理项目。

7.2 水库调度运用

7.2.1 水库运用基本方式

巴家嘴水库的运行调度考虑两方面的因素。一是，水库处于多泥沙的蒲河之上。由于地形、气候等综合影响，洪水来势凶猛，洪峰集中，水沙俱下，对水库的危害非常严重。二是，陇东粮仓董志塬，降雨较少，干旱严重，特别是西峰市因水源不足，城市的发展正受到严重挑战，不仅工业企业难以扩充发展，形成规模，而且，居民的生活用水也日趋紧张，断水现象时常发生，生活质量受到很大影响。因此，总结以往水库的运用经验，结合入库水沙特性和兴利要求，巴家嘴水库在新泄洪洞建成投运之后，总的运用方式拟定为“蓄清排浑、空库迎洪、调水调沙、扩大库容、发挥效益”。

每年9月至次年6月，水库蓄水调节径流，满足城乡供水、灌溉、发电等要求。若次汛期5月、6月、9月发生较大的洪水时，为避免水库淤积，根据水情预报，预先泄水空库迎洪。

主汛期7月、8月，水库以敞泄冲沙，扩大槽库容为主，但为解决西峰城市用水困难，确定调蓄库容206万m^3，汛限低水位1109.00m。当测报入库洪水流量超过140m^3/s时，迅速提闸泄水，空库迎洪，洪水过后恢复蓄水不超过206万m^3。

为了减少水库淤积，在按照上述供水和防洪运用方式调度的同时，优化水沙组合，发挥大水输大沙的能力，一般在主汛期每年的7月下旬至8月上旬留有一定时间，利用较大洪水冲沙排沙，以保证槽库容的冲淤平衡和有效库容的相对稳定，促使死滩活槽水库格局的形成。

水库的综合利用按照在防洪减淤的前提下，以城市供水和灌溉为主，任何期间发电都服从城市供水和灌溉，水电站的下泄流量不小于城市供水量和灌溉需水量之和。当灌溉和城市供水发生矛盾时，灌溉服从城市供水。

7.2.2 水库主要技术指标

汛限水位：1109.00m；警戒水位：1115.00m；正常水位：1112.00m。

7.2.3 洪水调节

根据流域地形及洪水特点，对洪水的调节，按照不同的频率分别对待，一般常遇5年以下一遇的洪水，虽然洪峰流量也不小，可超过1000m^3/s，但洪水总量并不大，按照新泄洪洞建成后的泄洪能力，最高洪水位不超过1110.00m，所需防洪库容小于0.1亿m^3，不会造成漫滩淤积，泥沙的沉淀只在槽库容之内。对这类洪水，洪峰过后，控制闸门的开启时间，有选择的拦蓄尾部洪水，供城市生活用水的需要。

5～50年一遇的洪水，峰高量大，槽库容不能满足接纳需要，数小时之内便可漫滩，泥沙淤积在所难免，但坝前最高洪水位在1115.00m左右，由于这一区域的水位大坝经受过多次考验，故对大坝安全不会构成威胁，不存在抢险问题，这类洪水所有闸门全部打开，敞泄排洪。但当出库洪水的含沙量已经很小，继续泄水，冲沙效果不大时，可考虑利用这部分水资源。

对于可能发生50年以上一遇的特大洪水，其来势会非常凶猛，数小时之内即可达到相当高程，不仅会造成漫滩淤积，且对大坝的安全将构成严重威胁。因此，一旦发生，要加强雨情、汛情的监测预报，随时掌握洪水现状及其发展过程，动用所有测量设施，观察坝体和其内部的变化情况，为水库抢险做好准备。

洪水的利用综合考虑，若发生于主汛之前，毫不犹豫将其泄空后，重蓄至高程1109.00m，这样可大大减少淤积并增大槽库容，对延长水库寿命有很重要的意义。若洪水发生于主汛之后，根据天气预报及水情预报定夺拦蓄问题。

7.2.4 雨情、水情预报

巴家嘴水库建有四座专用水文站进行雨情、水情预报，目前，姚新庄进库站及巴家嘴出库站已实现了水情自动化测报系统，可以对洪水进行24小时的实时监测。同时，按照国家防总的要求，准备使库区范围内的水文站、雨量站全部实现自动化，成立洪水自动化调度中心，以加强预报工作的力度。

水文站水情观测与报汛，均按国家的有关规范和规程进行。

7.2.5 建库以来最大洪水调度情况

1996年7月发生了建库以来最大的一次洪水，洪峰流量5048m^3/s，3日洪量0.849亿m^3，最高库水位1115.8m。由于当时新建泄洪洞尚未建成，洪水在库内滞留时间较长，造成了大量淤积，但坝体及泄水建筑物运行正常。

7.3 大坝监测

7.3.1 监测设施布置情况

巴家嘴水库开展的监测工作主要有渗流观测、位移观测和库水位观测。1962年7月工程竣工后，为了掌握坝体浸润线和垂直位移的变化规律，分析土坝的工作状态，验证设计情况，在坝体内安装浸润线测压管14孔，垂直位移即沉陷标点12个，于1963年3月开始观测。后经几次更新改造，目前，共有测压管6组5排计28孔，垂直及水平标点10组5排计41个。

7.3.2 观测方法及精度要求

(1) 浸润线测压管：建坝初期到1999年，观测工作均由人工完成，使用电测水位计进行测量，随时间的推移观测日期为每5天、10天、1月观测1次，汛期洪水涨落时加测，观测时每管连测3次，误差不超过1.0cm，1999年后，测压管水位观测实现了自动化，观测时间每10天1次，汛期洪水涨落时实行24h连续观测。

(2) 垂直位移观测：使用水准仪、双面水准尺，按四等水准，单镜闭合环法进行施测，高差闭合差不超过1.4（n为测站数）。观测时间每月1次，汛期每月2次，遇较大洪水后加测。

(3) 水平位移观测：在相应坝两肩山岩和原状土层上埋设固定基点，用经纬仪视准线法观测。观测时每个点正倒镜各2次，求其均值。观测时间非汛期每月1次，汛期每月2次，遇较大洪水后加测。

(4) 库水位观测：非汛期每日1次，汛期每日两次，洪水进库后加测洪峰涨落过程，观测方法过去一直由人工完成，1999年后实现自动观测和记录。

7.3.3 观测成果

垂直位移：大坝建成以来，最大坝高处累计沉陷量为2738mm，其中1963年7月至1966年10月沉陷量697mm（0+325），1966年11月至1973年7月沉陷量690mm，1974年9月至1976年10月沉陷量752.0mm，1977～1986年沉陷量453mm，1987～2001年4月沉陷量146mm。目前，坝顶防浪墙顶部高程1125.63m，较设计高程1125.90m低0.27m。

根据多年沉陷资料分析，水库大坝垂直位移有如下特点：

(1) 同一纵断面各标点的垂直位移量基本符合土坝越高沉降量越大的规律，每一个横断面同一高程，上游垂直位移大于下游位移。

(2) 大坝变形随外力作用变化而显著变异。

(3) 灌浆加固期垂直位移量也较其他年份为大，且灌浆期间吃浆量大的部位较吃浆量小的部位为大。

(4) 坝体沉降变形总的趋势是建坝初期大，随时间推移逐步减少，特别1987年后，年均沉陷量10.4mm，基本趋于稳定。

水平位移：水平位移的变化规律是上游向上游移动，下游坡向下游移动，坝顶向上游移动，符合土坝变形的一般趋势。坝体水平位移最大的部位，背水坡发生在高程1116.70m的坝体上，即坝顶以下8m处，最大位移量224.9mm，迎水坡发生在1117.7m平台上，即坝顶以下7m处，最大位移量332.0mm，大于背水坡。坝顶位移量686.4mm。与垂直位移的变化一样，土坝加高施工期和灌浆加固期横向位移明显大于其他时期。

测压管浸润线：从各阶段观测资料看，管水位变化基本正常。测压管水位升降随库水位的涨落而变化，但慢于库水位变化，实测坝体浸润线低于设计数值，坝体两端的管水位高于中部的管水位，在同一横断面上，除K07K号孔出现反常外，坝前管水位均高于坝后管水位。

库水位：由于巴家嘴水库泥沙淤积严重，库水位逐年抬高，目前，正常蓄水位1112.00m，相应库容730万m^3。曾经出现的最高水位是1996年7月的1115.80m，距坝顶8.9m。

7.3.4 观测工作存在的问题

由于施工期各观测标志点频于变动，但又要监测施工期的变形，因此，观测资料的系统性较差，影响观测结果的分析。另外，观测设施落后，精度低，有些重要项目尚未开展观测，跟不上大坝管理的要求。

7.4 大坝维护裂缝处理情况

7.4.1 1987年以前裂缝情况

根据统计，自1960年6月库水位为1076.70m时土坝开始产生裂缝到1987年底，累计出现裂缝288条，其中74%即为对大坝有严重威胁的横向裂缝，尤其在淤土加高期间，全断面发生裂缝11条，其中背水坡高程1101.50m以上至老坝体平行发生纵缝8条，后相继与两坝肩横缝相贯通，形成了“八大圆弧”，最大缝宽10cm，最大深度达12～13m，纵缝长度300余m。同时，在多次安装或更换测压管的过程中，都发现部分钻孔存在循环水漏失现象，这表明，坝体内部的暗裂缝也非常发育。

7.4.2 裂缝处理

对过去发生的裂缝，历年除采取开挖回填处理外，1980～1982年、1984～1986年，进行了两次大规模的帷幕灌浆加固。共完成灌浆孔1043孔，总进尺59306.5m，灌浆量达14955.5m^3，折干料14024.7t，通过灌浆密实了坝体，有效地改善了坝体质量。

7.4.3 近期大坝裂缝及处理情况

两次灌浆完成后，水管所对坝体裂缝继续进行了跟踪检查，从1988年开始至1994年，连续6年再未发现大的裂缝，结束了大坝自蓄水以来，年年产生裂缝的历史。但由于库水位逐年抬高的影响，1995年又在左肩背水坡发现裂缝8条。为了防止裂缝继续向纵深发展，危及大坝安全，1996年9月，水管所再次对产生的裂缝进行了骑缝充填式灌浆处理，共计完成生产孔和检查孔112孔，进尺2462.14m，灌浆量220.1m^3。

由于这次灌浆量较小，且属浅层裂缝，因此，对坝体位移变化影响不大。根据灌浆期间观测数据进行分析，位移、测压管浸润均属正常，无突变现象发生。

1998年，在更换测压管时，发现个别钻孔存在循环水漏失现象，这表明坝体内部仍有一定暗裂缝存在。同时，2000年又在坝左肩下游坡发现裂缝15条，呈缝群状态分布在高程1072.50～1101.50m范围内，最大缝宽2cm，长度30m左右，其中1条已直达坝顶。新发现的这些裂缝除表层作开挖回填外，深层由于资金原因暂未处理，是大坝安全的隐患之一。

7.5 输泄水建筑物运行管理

7.5.1 新建泄洪洞工程运行管理

1998年7月12日，泄洪洞工程在工作闸门安装初步完工的条件下，首次迎接洪水，当时最高水位1105.40m，闸门开启高度1.5m，最大过流量111m^3/s。目前，已累计泄洪16h。每次洪水过后，我们对洞身工程都做了详细的检查，包括消力池和泄流陡坡在内的所有部位均未发现气蚀、磨损及其他异常现象。

7.5.2 原泄洪洞监测维护及存在问题

原泄洪洞和大坝同期建成，已运行40年，塔架及控制系统也运行30年，在新泄洪洞建成之前，是水库的主要泄洪建筑物，维系着大坝安全。每年汛期，均有较长时间的泄水过程，为了安全运用，每次泄水前后，均对主要部位和设施进行详细检查，由于管理单位精心养护，措施得力，在几十年的运行中，从未发生任何安全事故。

目前，隧洞及塔架工程基本完好，可以正常运用，但仍存在以下问题：

（1）进水塔架在高程1109.00～1111.00m范围内冻融破坏较为严重，表层石子剥落，侵蚀深度达3～10m，但未发现钢筋出露。

（2）隧洞内产生裂缝4条，其中0＋016处2条，0＋20和出口洞顶各1条。

（3）由于高速水流作用，洞身及消能工程气蚀磨损相当严重，底板石子大部外露，局部有坑槽和露筋现象。

7.5.3 输水洞使用管理及存在问题

输水洞是巴家嘴水库兴利引水的唯一途径，但由于巴家嘴水库病险问题一直比较突出，泄洪能力小，为了水库安全，输水洞在汛期一直参与泄洪和拉沙，每次洪水期间，发电及城市供水均须中断。供水保证率低，经济效益难以提高。

增建泄洪洞工程建成后，输水洞的泄洪任务相对减轻，因此，在塔架进口1096m以下按照原设计吊装了叠梁，提高水头，抵挡泥沙，引取表层清水，满足汛期灌溉、发电和城市供水的要求，通过使用，有效地提高了供水保证率。

目前，输水洞基本可以使用，但和泄洪洞一样，进水塔在水位变化区冻融破坏较为严重，表层石子剥落，侵蚀面积较大。隧洞内部气蚀磨损严重，局部有钢筋出露，特别在进出口边界条件变化的部位表现更为突出，但因经费问题，一直未能彻底修复。

7.5.4 闸门、启闭机运行管理

闸门、启闭机的管理操作：闸门和启闭机是水库运行管理的关键设施，其操作管理是整个工程管理的重点和核心。闸门的启闭均按照控制运用计划和上级主管部门的规定执行，各负其责，责任到人。对上级发出的闸门启闭指示，管理人员详细记录，并迅速通知有关人员，做好各项准备，领导和技术负责人现场指挥，由技术负责人确定闸门的运用方式和启闭次序。为了下游安全，每次开闸泄水前，都通知有关单位，做好准备，以免造成不必要的损失。

为使闸门、启闭机始终处在最佳状态，满足正常使用要求，延长其使用寿命，水管所加强了检修维护工作，制定岁修、大修计划，预防事故发生。

原泄洪洞，输水洞闸门、启闭系统存在问题：由于近30年运价，原泄洪洞、输水洞闸门、启闭系统设备老化、气蚀、磨损现象非常严重。管理单位虽尽力维护，保证了水库安全，但事故隐患日渐突出，并已出现多次钢丝绳断裂，刹车失灵，电气短路等影响运行安全的故障。每至汛期，操作人员提心吊胆，唯恐出现意外。

7.6 运行管理综合评价

（1）巴家嘴水库是陇东唯一一座大型水库，自1962年建成投运以来，为泥沙研究和当地经济建设起到了巨大作用。随着社会经济的进一步发展，用水需求更为迫切，具有多

年调节能力的巴家嘴水库必将显示更大的作用，成为老区人民发展经济的重要保障。

(2) 水库的运行调度是一门系统工程。在多年实践中，管理单位严格执行了上级部门的批复方案，本着兴利服从防洪，正确处理防洪与兴利矛盾，协调各用水部门的关系，努力提高水库的管理水平。在对水库工程特性、流域地形、水文要素全面准确认识和了解的基础上，总结经验，吸取教训，制定了切实可行的运行方案，使水库管理逐步走向正规化、科学化的道路。目前拟定的“蓄清排浑，空库迎洪，调水调沙，扩大库容，发挥效益”的运行方式，基本上反映了水库的宏观实际。

(3) 目前，除姚新庄站实现水情自动测报外，其余各站测报手段均较落后，现有电台、电话等通信设施也均为20世纪80年代产品，通话能力低，难以满足水库调度的需要。

(4) 大坝水平位移、垂直位移、浸润线及库水位观测等均按照有关规定进行，数据资料系统齐全。通过分析，大坝位移虽然较大，但变形符合一般规律。浸润线较设计为低，表明坝体下游排水畅通但不能证明坝体质量达到设计要求。

(5) 坝体裂缝是影响水库安全的主要问题。通过多次灌浆加固，裂缝得到有效处理，坝体质量有很大改善。目前存在的15条裂缝，对水库仍有危害，应进一步加以处理。

(6) 由于管理单位建立了切合实际的工程管理办法，制定了维修养护规程，输泄水建筑物在多年运行中没有发生任何安全事故。但因原泄洪洞、输水洞及启闭系统建成多年，气蚀磨损、设备老化问题非常突出，成为影响水库安全的主要隐患。

(7) 目前，水库有效库容仅1.89亿m^3，已不能满足1000年一遇洪水要求，同时，水库淤积仍在继续，防洪标准继续下降，水库今后的防洪保坝形势十分严峻，管理单位责任重大。

综上所述，大坝运行管理评价为较好。

8 巴家嘴水库大坝安全评价结论

（1）防洪能力。由于工程等级不变，水库的洪水设防标准仍按原设计的100年一遇设计，2000年一遇校核。设计洪水仍采用1981年巴家嘴水库增建泄洪洞工程初步设计时的设计洪水成果。

按照水库2000年4月的水位库容曲线，大坝的设计、校核洪水位经调算分别为1119.92m和1125.57m，相应比原设计分别高出1.32m和1.17m。目前大坝的实际防洪能力约为850年。不满足《防洪标准》（GB 50201—94）及水规〔1989〕21号《水利枢纽工程除险加固近期非常运用洪水标准的意见》的要求。

按照复核后的洪水位和安全超高，计算得坝顶高程应为1127.36m。现状坝顶及防浪墙顶高程分别为1124.43m、1125.63m，现状大坝顶欠高2.93m。

在校核洪水下，泄洪洞和增建泄洪洞基本可安全泄洪，输水洞不能安全泄洪。

综合以上几点，按照《水库大坝安全评价导则》（SL 258—2000）的要求，大坝防洪安全性为C级。

（2）工程质量评价。大坝的初建坝体和一期加高坝体填筑施工质量不合格，二期加高坝体施工质量合格，灌浆加固施工质量较好，防浪墙和上游护坡质量合格。运行过程中，坝体裂缝虽呈减少趋势，但目前坝体仍有裂缝存在，质量隐患尚未根除。

输水洞和泄洪洞的进水塔、改建部分洞身的混凝土施工强度不合格，其余部分施工质量合格，现状建筑物存在较为严重的混凝土磨蚀、冻融等质量缺陷，并在洞身局部出现裂缝。但是两洞的结构整体性尚好，经适当维修后，两条隧洞仍可安全运行。

增建泄洪洞各部分施工质量符合规定要求，目前运行时间较短，没有出现质量问题，质量合格。

黄土开挖边坡施工质量合格，运行中无塌滑等不稳定现象发生。边坡质量合格。

综上所述，工程实际施工质量中，输水泄洪建筑物存在部分质量问题和质量缺陷，需要维修加固。坝体一部分填筑质量不合格，经灌浆处理，质量有所改善，现状条件下，裂缝趋于减少，但仍出现有新的裂缝，隐患仍未根除。在低水位运用条件下，尚不影响工程安全，工程质量合格。在高水位下，应加强观测，确保安全。

（3）结构安全。大坝变形分析表明，在目前运行条件下，坝体变形趋于稳定，但高水位下，有可能产生新的裂缝并使原有裂缝继续发展。抗滑稳定计算表明坝体抗滑稳定满足有关规范要求，计算安全系数分别为1.47（正常运用）、1.26（非常运用）。按照SL 258—2000附表B2，变形安全性为B级。坝体的抗滑稳定安全性为A级。

增建泄洪洞开挖的黄土边坡基本稳定。

输水泄洪建筑物三个进水塔抗滑稳定和内力复核皆满足有关规范和强度要求。增建泄洪洞洞身也满足强度要求。泄洪洞洞身满足强度要求，但目前已有裂缝在高水位下有可能继续开展。输水洞洞身原建部分在设计洪水位下，满足强度要求，不能满足限裂要求，目前已有裂缝有可能继续开展。

从抗滑稳定和结构强度分析，进水塔的安全性等级为A级，增建泄洪洞安全性等级为A级，泄洪洞安全性等级为B级，输水洞安全性等级为C级。

综上所述，大坝结构除输水洞外，其余建筑物在现状下基本能满足水库运行要求。

（4）渗流安全。大坝整体防渗排水结构布置基本合理，大坝运行过程中，实测浸润线低于设计值，近些年来尚未出现严重的渗流异常现象。由于观测资料未系统整编，仅根据计算分析，在高水位、假定坝体质量均一情况下，有关材料的渗透比降小于经验允许值，基本可安全运行。但由于初建坝体质量较差、岸坡开挖较陡等原因，以及坝体目前的裂缝现状，未来高水位下坝体有可能产生新的裂缝，并可能由于裂缝引发集中渗流破坏问题，鉴于此，将大坝渗流安全性定为B级。

（5）金属结构结论。输水洞和泄洪洞金属结构的闸门类设备基本安全，在加强监控和维护的条件下基本可以运行，整体上可定为B级；压力钢管厂外部分基本安全，定为B级，厂内部分接近锈穿，已不安全，定为C级；启闭机设备存在隐患较多，且由于更换困难，已不宜再进行技术改造，故安全性定为C级。由于两洞启闭机均不能较正常运用，给安全泄洪造成很大隐患，故将金属结构的安全性定为C级。

增建泄洪洞运行时间仅3年，金属设备累计运用时间虽很短，但运行情况正常，可评为A级。

（6）运行管理。水库在运行过程中，有较为合理的运用调度方案、健全的规章制度和水文测报站点，尚能认真执行；对危及大坝安全的现象高度重视，并尽力尽快采取措施，完成修复，使该工程建成近40年来，没有发生安全事故。但由于种种原因，大坝仍有不少运行中发现的隐患，诸如坝体裂缝，洞身磨蚀、裂缝，钢丝绳断股，压力钢管锈蚀等等，尚未清除。影响大坝的安全运行。

大坝位移、测压管等观测设施齐全，并实现了测压管观测自动化。原始观测资料较为齐全，资料整编前期较好，后期相对较差。从观测资料初步分析，目前运用情况下，大坝变形已基本趋于稳定，坝体未发生渗透破坏现象，坝基和坝肩渗漏量较小，坝体、输水泄洪建筑物、开挖黄土高边坡处于稳定状态，近坝库岸基本稳定。

综合分析认为，大坝运行管理较好。

（7）综合结论。在以上各专项安全评价中，有防洪能力和金属结构两项安全性为C级，按照《水库大坝安全评价导则》（SL 258—2000）的规定，大坝安全类别为三类。

9 巴家嘴水库大坝安全评价后的工程建议

（1）由于增建泄洪洞投资未按计划到位致使施工期延长、上游水土流失严重等多种因素，库容损失较快，水库现状防洪能力达不到1000年一遇的洪水标准，更不能达到《水库大坝安全评价导则》（GB 50201—94）要求的2000年一遇的校核洪水标准。建议在严格执行空库迎洪的基础上，做好防汛物资、人员、组织准备，加强巡查，安全度汛。

（2）鉴于初建坝体质量较差，灌浆加固后，虽有较大改善，但仍有新的裂缝发生。建议对其进行进一步探查（特别是对1998年发现的左坝段下游坡两条坝脚至坝顶的连续性裂缝，应追踪探查），以确定是否对坝体进行处理。

（3）对输水洞和泄洪洞的质量缺陷尽快实施加固，以提高其运行的安全性。输水洞在加固处理前，应避免在高水位下运用。

（4）由于巴家嘴水库泄洪、输水系统的金属结构设备属于中小型设备，按规定，其设备折旧年限仅20年，目前这些设备超期服役现象十分严重。而且，限于当时的技术水平，设备布置先天不足，技术改造难以实施。因此建议对闸门进行大修，对启闭机进行更换，改用新型启闭机。对厂房内已接近锈穿的压力钢管应立即报废，更换新管。设备大修或更换，应根据水库调度运用情况分批、分期进行。

（5）两坝肩增设渗流观测设施，以监测了解大坝的绕坝渗流状况；坝下游采用适当措施，观测坝基、坝体以及绕坝的渗漏流量。连续地、全面地加强观测，遇到新的情况，如坝体产生新的裂缝，在分析原因的同时，观测其发展情况。各项观测资料应及时整编和分析，为大坝安全运行决策提供可靠资料。

（6）针对水库不满足防洪标准，且防洪能力日益降低，下一步应研究可能的工程措施，并尽快实施，如：

1）适当的加高大坝，增加库容。

2）上游建坝拦洪拦沙。

3）机械、人工排沙，扩大库容。

4）库区加快水土保持、综合治理力度，减少入库泥沙。

5）增加泄洪措施等。

10 温泉水库工程概况

10.1 水文气象、地形地质条件

温泉水库位于青海省格尔木市南137km的格尔木河支流的雪水河上，坝址以上河长约110km，控制流域面积9374km^2，多年平均流量6.53m^3/s，年径流量2.06亿m^3。

温泉水库库区具有典型的高原干旱寒冷气候特点，自然条件恶劣，最低气温－40℃，冻土层厚度3.3m，年平均气温－2.9℃，5～9月平均气温在0℃以上，库区极端最高气温25.5℃，出现于7月中旬。该区多年平均降水量287mm，多年平均蒸发量1469.8mm，为降水的5倍多。一年四季多北风和西风，最大风速为28m/s。

坝区左岸出露地层为下二迭统厚层状大理岩，右岸为第三系中新统灰绿色砂质黏土岩和红色砂砾岩。坝基为第四系松散堆积物下伏下二迭统大理岩，松散堆积物最大厚度达150m，其顶部有厚2.5～5.0m的冲洪积和湖积边缘混合相。坝址右岸有区域活动性断裂F，第三系砂质黏土岩和Q_3^{1-3}地层中分布一系列规模不大的继承性张扭断裂。左坝肩F_{10}断层破碎带宽1.0～1.2m，充填糜棱岩及压碎岩，走向与坝轴线交角较大，倾角75°。

坝址左岸和下游坡脚至库盆，均处于两洪积扇边缘，因山岭终年积雪，地下水补给丰富，坝基一部分具承压自流和非自流。

经青海地震局专门论证和国家地震局批准，坝址区基本地震烈度为8度。设计地震烈度为8度。

10.2 主要建筑物

温泉水库为多年调节水库，开发任务是为下游梯级水电站供水，提高水电站保证出力，以及防洪等。水库属大（2）型工程，按100年一遇洪水设计，2000年一遇洪水校核。校核洪水位3958.10m，总库容2.55亿m^3；设计洪水位3957.32m，相应库容2.15亿m^3；正常高水位3956.40m，相应库容1.8亿m^3；死水位3951.70m，相应库容0.3亿m^3。

水库主要建筑物有大坝、溢洪道和输水洞等，均为2级建筑物。

（1）大坝。大坝为复合土工膜防渗斜墙砂砾石坝坝型，为2级建筑物。坝顶高程3959.80m，最大坝高17.5m，坝顶长880m，顶宽8m，上、下游坝坡分别为1∶3和1∶2.5。

坝基防渗采用高压摆喷防渗墙，其位置在上游坝脚，范围为桩号0＋057～0＋875，墙体沿轴线呈折线布置，折线与轴线夹角25°。防渗墙上部与坝体防渗的土工膜相接。设计要求防渗墙顶部距地表1.0～0.5m，底部0＋057～0＋110段要求深入基岩0.5m，其他部位插入覆盖层中的黏土或亚黏土层1.5m。墙厚不小于0.25m。设计墙体抗压强度不小于8MPa，渗透系数小于$n\times10^{-5}$cm/s。

(2) 溢洪道。溢洪道布置在右岸，为侧槽式溢洪道，长530m，为2级建筑物。由进水口、溢流堰、陡槽段、消力池、尾水渠、排洪槽等部分组成。设计流量为46.9m^3/s，校核流量为117.47m^3/s。

溢洪道进水口距上游坝脚约10m，为喇叭口形式。渠底高程3955.00m，浆砌石结构。溢流堰面为WES曲线，开敞式无闸门控制。堰长25m，堰高4.6m，堰顶高程3956.40m。溢流堰采用浆砌石结构，过流面为厚约0.5m的钢筋混凝土。侧槽为底宽向下游扩大的非棱柱体，首端底宽与末端底宽之比为1/2。槽底纵坡为1/40，梯形断面边坡坡比1∶0.5。

陡槽采用矩形断面，底宽6m，纵坡降1/85。采用钢筋混凝土整体结构，底板厚50cm，侧墙厚25～50cm。

消力池为扩散式矩形断面，扩散角9.46°。池长22.5m，池深1.65m。

尾水渠采用梯形断面，底宽16m，边坡坡比1∶1.5。其中0+227.5～0+237.5为控制段，底宽14m，高3.6m，采用浆砌石衬砌；0+237.5～0+252.5段采用铅丝石笼护底，边坡用浆砌石和干砌石衬砌；后为宽1m，深2m的浆砌石齿墙，0+252.5～0+530段底宽16m，墙高3～13m，底坡坡降1/1000，未衬砌。

(3) 输水洞。输水洞为明流洞，由引渠段、进水塔、洞身段、消力池段和尾水渠等部分组成，设计最大流量27m^3/s，为2级建筑物。

进水塔为钢筋混凝土结构，塔基宽4m，塔长10m，塔高15m。进口底板高程3947.00m，设2m×4m平板检修闸门和2m×2m弧形工作闸门各一扇。

洞身断面为城门洞型，断面尺寸为2.6m×2.95m。洞长196.5m，纵坡降0.01。洞衬砌为钢筋混凝土结构，衬砌厚度0.3m。全洞每7.5m设一施工缝，在桩号0+119和0-070处各设一沉陷缝。

消力池采用矩形断面，钢筋混凝土衬砌底板厚0.5m。

尾水明渠段采用梯形断面，底板高程3945.42m，底宽2.5m，墙高3m，边坡1∶1，纵坡降1/500。明渠为浆砌石结构，厚0.5m。每10m设一道伸缩缝。

10.3 施工及工程运行情况

(1) 施工。工程于1991年8月动工兴建。1992年10月建成输水洞工程，完成坝基振冲处理。1993年8月完成溢洪道工程。1993年8月10日截流成功，9月完成坝基高压摆喷混凝土防渗墙工程。1994年10月，大坝填筑全部完成。1996年12月工程竣工。

工程总体施工情况正常，坝基振冲处理有部分未达到设计要求，高压摆喷混凝土防渗墙存在一定的质量问题。施工过程中，溢洪道临时改线，未补充地质勘察工作。

1993年12月，当大坝填筑到高程3956.00m左右时，在上游坝坡桩号0+513附近，高程3954.00～3956.00m之间出现一条呈放射状向下游延伸的裂缝，其最大宽度为50mm。1994年6月11日，在大坝上游桩号0+464～0+472之间，高程3953.70～3954.50间坝坡发现一条纵向裂缝，最大宽度为50mm。1994年7月，在大坝上游坝坡上出现一条最大宽度为170mm的裂缝。

(2) 工程运行。1993年8月20日下闸蓄水，开始试运行。1998年10月15日，水库达到历史运用最高水位3955.77m。工程运行以来，工作基本正常，发挥了应有的经济效益。

通过几年的运行，出现了下列问题：

1) 坝体裂缝。大坝填筑完成后，1995年6月3日，在下游坝面桩号0+167.00～0+475.70、高程3953.80～3955.80m，发现一纵向裂缝，最大缝宽10mm，进行了灌浆处理。

2) 渗漏。1993年8月下闸蓄水后，1994年坝后即出现盐碱化现象。1995年消冻后出现泛浆积水现象，当水位至3954.00m时，大坝下游发现大面积泉眼翻沙现象，其中主河道泉眼数量大，翻沙现象明显。1995年9月27日，当库水位升至3953.00m时，发现坝脚下游约25～100m范围原河道及靠坝侧发现黄豆大的泉眼百余处，在左坝下游有1000m^{2}的渗水湿润区，右坝下游有400m^{2}的渗水带。

针对上述问题，于1998年和2000年分段在桩号0+120～0+800之间距坝脚30m处开挖了一条纵向排水沟。该排水沟为梯形断面，底宽0.8m，边坡1∶0.5，深3.0m多。沟中铺土工布反滤后回填块石。

11 温泉水库大坝洪水标准复核

11.1 主要工作内容和基本资料

（1）主要工作内容。本次大坝洪水标准复核的主要内容有设计洪水和水库防洪能力两部分。

设计洪水复核主要包括暴雨洪水特性分析、历史洪水及重现期的确定、坝址频率洪水分析和设计洪水过程线复核计算等。

防洪能力复核包括防洪标准复核、设计和校核洪水位复核，以及水库防洪能力复核等。

（2）基本资料。复核采用的水文基本资料、设计文件及运行资料均由甲方提供。其中水文基本资料主要有格尔木站、纳赤台站、舒尔干站的逐日平均流量成果表、洪水要素摘录表、实测流量成果表等。这些资料均经过青海省水文水资源勘测局的整编和审查，可以作为温泉水库设计洪水及设计径流分析计算的依据。

11.2 设计洪水复核

（1）暴雨洪水特性。格尔木河的年最大洪水，在4～10月均有出现，较大洪水主要发生在6～10月，而大于200m^3/s的洪水主要集中在6月中旬至9月中旬。格尔木站的洪水过程有平缓单峰型、锯齿单峰型及多峰型等。

格尔木河的洪峰流量70%以上来自纳赤台至格尔木区间，而纳格区间的洪峰流量又主要来自纳赤台、舒尔干至格尔木区间。

格尔木河的洪量主要来自纳赤台与舒尔干以上，纳赤台以上来水比例较大，一般都接近或大于其面积所占比例（32%）。从单位面积的产洪量来看，纳舒格区间最大，纳赤台次之，舒尔干最小。

从格尔木与纳赤台的洪水过程可知，当格尔木发生较大洪水时，纳赤台相应也有较大洪水，且洪峰、洪量较纳赤台大得多，说明纳赤台与纳格区间洪水是遭遇的。从1989年的3次洪水均表明，纳赤台与舒尔干的洪峰流量不完全遭遇，但洪水过程基本遭遇。

（2）历史调查洪水及重现期。格尔木河调查到的历史洪水年份为1922年，洪峰流量经过了反复的调查复核。经对比分析，采用青海省水文水资源局1971年调查复核成果，历史洪水洪峰流量837m^3/s，历史洪水重现期为78年。

（3）坝址频率洪水分析。坝址没有实测洪水资料，以舒尔干站为参证站，采用地区综合法分析计算坝址的设计洪水。

按照相同（或相似）流域产汇流条件相同（或相似）的原理，推求洪峰流量或洪量与面积的关系。根据格尔木河流域的格尔木、纳赤台、舒尔干站的实测洪水资料，分析计算出各站及纳格区间的设计洪水，率定出公式中的面积指数后，进行温泉坝址设计洪水的计算。

雪水河舒尔干站只有1980～1992年13年实测逐日平均流量资料和1989年洪水要素摘录资料，需要进行插补延长。插补延长后的系列为1957～1992年。

计算的温泉水库坝址设计洪水峰量值见表11.2-1。

表11.2-1　　温泉水库坝址设计洪水峰量值表

成果阶段	项目	单位	频率为 P 的设计值					
			$P=0.01\%$	$P=0.02\%$	$P=0.05\%$	$P=0.2\%$	$P=0.33\%$	$P=1.0\%$
本次复核	洪峰流量	m^3/s	830	752	651	501	451	333
	3天洪量	万 m^3	12640	11518	10046	7856	7064	5392
	7天洪量		23839	21721	18946	14816	13323	10170
	12天洪量		31646	28856	25209	19782	17817	13664
	15天洪量		34665	31642	27678	21767	19627	15098
原技术设计	洪峰流量	m^3/s	620	—	501	—	365	287
	3天洪量	万 m^3	10190	—	8268	—	6029	4761
	7天洪量		20780	—	16820	—	12000	9341
	15天洪量		34430	—	27480	—	19680	15230

温泉水库坝址的设计洪水过程线，采用仿典型的方法进行计算，典型洪水过程选择1989年7月16～31日的洪水过程，典型洪水峰量值及不同频率的放大倍比见表11.2-2，设计洪水过程线见图11.2-1。

表11.2-2　　温泉水库坝址典型洪水峰量值及不同频率的放大倍比表

典型洪水	项目	单位	洪水峰量值	不同频率的放大倍比	
				$P=0.05\%$	$P=1\%$
1989年7月	洪峰流量	m^3/s	263	2.475	1.266
	3天洪量	万 m^3	4796	2.079	1.119
	7天洪量		9396	1.931	1.037
	12天洪量		12424	2.070	1.156
	15天洪量		14188	1.400	0.813

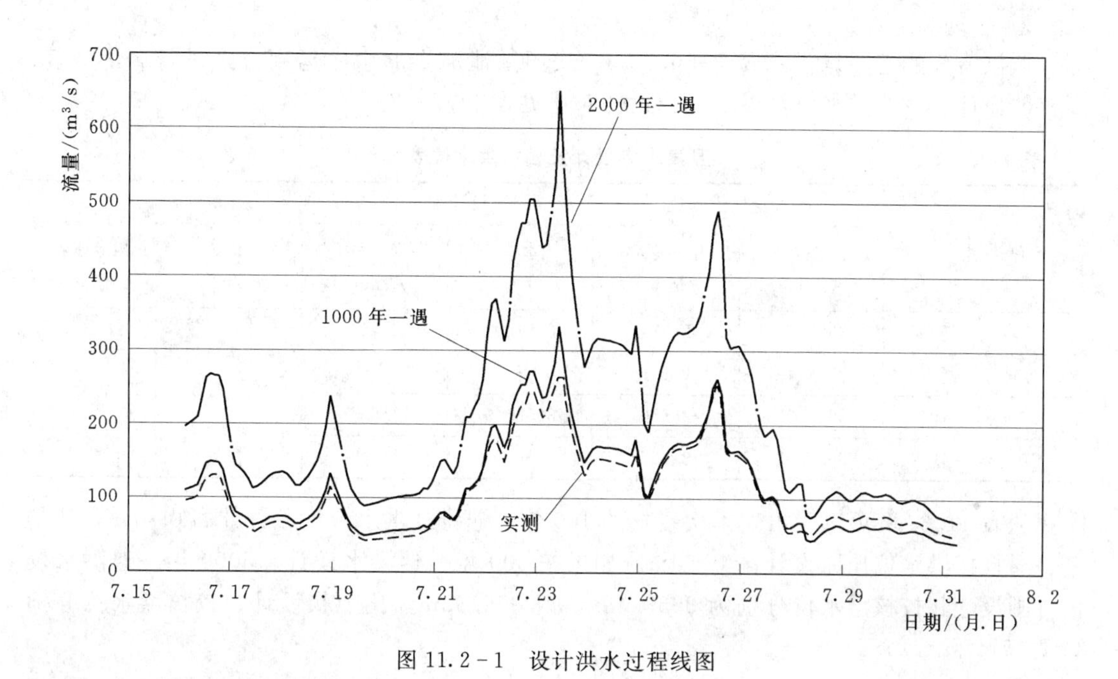

图 11.2-1 设计洪水过程线图

11.3 防洪能力复核

设计、校核洪水位。水库的泄洪建筑物为溢洪道和输水洞，输水洞最大泄量不超过 $27m^3/s$，溢洪道为开敞式溢洪道。由于库区淤积量不大，库容没有进行测量，仍采用原设计库容曲线，水位、面积、库容和泄量关系见表 11.3-1。

表 11.3-1　温泉水库水位、面积、库容和泄量关系表

水位/m	面积/km^2	库容/亿 m^3	泄量/(m^3/s)
3946.00	0	0	0
3947.00	24	0.0012	0
3948.00	90	0.0069	3.20
3949.00	470	0.0349	9.10
3950.00	942	0.1055	16.8
3951.00	—	0.24	22.65
3952.00	—	0.40	27.00
3953.00	—	0.60	27.00
3954.00	—	0.88	27.00
3955.00	3575	1.205	27.00
3956.00	—	1.60	27.00
3957.00	—	2.0	52.03
3958.00	—	2.48	134.52
3959.00	—	2.95	249.73
3960.00	5411	3.481	389.88
3965.00	6459	6.449	—

调洪演算的起始调洪水位 3956.00m，按照敞泄滞洪的水库运用方式进行调洪计算。复核的设计、校核洪水位，以及与原设计对比见表 11.3-2。

表 11.3-2　温泉水库设计及校核洪水位表

<table>
<tr><th rowspan="2">洪水频率</th><th colspan="2">本次复核洪水位</th><th colspan="2">原设计洪水位</th><th colspan="2">防洪限制水位</th></tr>
<tr><th>水位
/m</th><th>相应库容
/亿 m³</th><th>水位
/m</th><th>相应库容
/亿 m³</th><th>水位
/m</th><th>相应库容
/亿 m³</th></tr>
<tr><td>100 年一遇</td><td>3957.79</td><td>2.384</td><td>3957.32</td><td>2.154</td><td rowspan="4">3956.00</td><td rowspan="4">1.60</td></tr>
<tr><td>500 年一遇</td><td>3958.49</td><td>2.696</td><td>—</td><td>—</td></tr>
<tr><td>2000 年一遇</td><td>3959.00</td><td>2.950</td><td>3958.10</td><td>2.527</td></tr>
<tr><td>5000 年一遇</td><td>3959.32</td><td>3.115</td><td>—</td><td>—</td></tr>
</table>

从表 11.3-2 可以看出，本次复核的 100 年一遇设计洪水位比原设计高 0.47m，2000 年一遇校核洪水位比原设计高 0.90m。如果按 500 年一遇洪水设计、5000 年一遇洪水校核，则设计和校核洪水位分别为 3958.49m 和 3959.32m，比现状设计、校核洪水位分别高 1.17m 和 1.22m。

11.4　结论和建议

(1) 结论。

1) 经复核，设计洪水比原技术设计阶段采用成果略有增大。各频率洪峰流量增大 16%～34%，设计 3 天洪量增大 13%～24%，设计 7 天洪量增大 9%～15%，设计 15 天洪量接近。主要原因是采用的洪水资料系列不同，原设计采用的资料系列仅 10 年左右。

2) 按照复核的设计洪水成果和水库现状的泄洪能力，100 年一遇设计洪水位为 3957.79m，比原设计洪水位 3957.32m 高 0.47m；2000 年一遇校核洪水位为 3959.00m，比原校核洪水位 3958.1m 高 0.90m。

3) 根据新的设计洪水成果和水库现状的泄洪能力，经复核水库现状的防洪能力只有 200 年一遇，不满足《防洪标准》(GB 50201—94) 和《水利水电工程等级划分及洪水标准》(SL 252—2000) 要求。因此，温泉水库大坝可划定为三类坝。

(2) 建议。原设计的水库防洪标准，采用 100 年一遇洪水设计、2000 年一遇洪水校核，是大 (2) 型水库防洪标准的下限。考虑到水库下游的格尔木市为青海省第二大城市，且是青海省西部大开发的重点地区，同时考虑下游有输油管道、青藏公路、通信光缆以及三座水电站等重要设施，建议在进行溃坝分析的基础上，研究将防洪标准由原设计的洪水标准提高至大 (2) 型工程防洪标准的上限 (500 年一遇洪水设计，5000 年一遇洪水校核) 的必要性。

如果按 500 年一遇洪水设计，5000 年一遇洪水校核，则现状设计和校核洪水位分别偏低 1.17m 和 1.22m。

12 温泉水库大坝抗震性能分析

12.1 抗震复核的主要内容和所需资料现状

（1）主要内容。抗震复核的主要内容包括：坝址设计地震烈度和基岩加速度的复核；坝体抗震性能分析评价；溢洪道和输水洞抗震性能分析评价，并对穿过右坝肩的 F_3 活动断层对温泉水库的影响进行了分析。

坝体的抗震性能分析主要采用经验法和简化剪应力对比法对坝基覆盖层的液化性能进行判别，其中包括坝基材料的抗液化性能分析和坝基覆盖层可液化材料的液化可能性分析。溢洪道的抗震性能分析主要采用拟静力法对溢流堰的地基应力和抗滑稳定性进行计算。输水洞采用拟静力法对进水塔塔体内力、整体抗滑和抗倾覆以及塔基承载力进行复核计算，除对进出口边坡抗滑稳定进行计算外，也对水库运行以来屡次发生滑塌的出口明渠边坡进行了抗滑稳定分析。

（2）所需资料现状。地震分析评价所采用的资料主要由甲方提供，主要包括青海省地震局完成的《温泉水库坝区活动断裂鉴定及活动安全性评价报告》，部分原技施设计资料、竣工图和施工质量检查报告等。已有的资料参差不齐，缺乏应有的动力学特性指标。溢洪道在改线后没有进行地质勘探和施工时地质编录工作，因此溢洪道沿程基础的岩土分布情况和力学特性指标均不清楚。

由于没有补做勘探实验工作，为完成抗震安全性能最基本的分析工作，经与参加当年建库的部分技术人员讨论，并类比部分工程的相关实验参数，综合研究后确定了部分计算参数。

12.2 设计地震烈度复核

青海省地震局1995年对温泉水库的地震安全性进行了鉴定，认定在中国地震烈度区划图（1990）上，坝址位于8度区边缘，根据其鉴定报告所得的地震危险性分析计算结果，温泉水库坝址区基本烈度为8度，50年超越概率10%的基岩水平峰值加速度为243g。国家地震局批复同意以上结论。温泉水库各主要建筑物为2级建筑物，因此基本烈度即为其设计烈度。其抗震设防类别为乙类，部分为丙类。

12.3 大坝抗震性能分析评价

（1）覆盖层的物理力学指标。温泉水库坝基覆盖层厚150m，主要为冲洪积的粉细砂、亚黏土、粉质轻亚黏土以及冰水堆积的泥砾层组成。根据当年施工质检报告和勘察资料，覆盖层上部0～6m范围内的粉细砂分布较多，在地面以下7～11m和26～30m范围内也分布有粉细砂。其中表层覆盖层的相对密度、标准贯入击数、塑性指数试验值见表12.3-1。

表 12.3-1　　表层覆盖层相对密度、标准贯入击数、塑性指数试验值

名称	相对密度	标准贯入击数	塑性指数
中细砂	0.56	11.5	
粉细砂	0.355	10	
亚黏土	0.402	92	6.1
粉质轻亚黏土		6	6.9
亚黏土		7.5	15.7

(2) 上下游压振平台情况。上游坝脚0+470～0+800段压振平台平均高度5.0m，下游坝脚0+570～0+700段压振平台平均高度4.0m。其余坝段未设。

(3) 经验法判别坝基覆盖层的抗液化性能。采用按地层所处的地质年代、相对密度、黏粒含量、液性指数、地基上覆有效自重应力、标准贯入击数等经验方法，进行综合判别后，得出以下初步结论：

1) 温泉水库覆盖层中的粉细砂与含砾粉细砂以及亚黏土均为可液化土层。

2) 在现状条件下，上游坝脚压振平台范围，坝基表层5m以内的材料有可能液化；下游坝脚压振平台范围，坝基表层2.0m以内的材料有可能液化破坏。其余坝段坝基表层10.0m以内的材料有可能液化破坏，而10m以下液化的可能性较小。

3) 简化剪应力对比法。按Seed的简化方法，先计算地震产生的平均等效剪应力τ_{av}，然后计算地基土层液化剪切强度τ_s，当$\tau_s<\tau_{av}$时，土层即可能液化。对上、下游坝脚地质剖面进行计算时，$(\sigma_{ad}/2\sigma_0)$从Seed图表查取，相对密度采用上下游坝脚振冲加固后的资料，平均粒径$d_{50}=0.21$。

计算表明：覆盖层在12m深的范围内，无论有没有压振平台，上游还是下游坝脚的粉细砂和含少量砾的粉细砂都有液化的可能性。

12.4 溢洪道抗震性能分析评价

(1) 计算原则和参数选取。鉴于溢洪道缺乏应有的地质资料和岩土物理力学指标，其所处位置为现代冲沟，地质条件复杂，而溢流堰为溢洪道的控制性建筑物，因此仅对溢流堰按拟静力法进行抗滑稳定和地基应力计算，其他部分做定性分析。

计算参数为：钢筋混凝土容重24.5kN/m^3，浆砌石容重25.4kN/m^3。冰层厚度0.4m。基础岩石为Ⅴ类，浆砌石与砂质黏土岩接触面间的抗剪断强度指标取：$f'=0.4$，$c'=0.05$MPa。基础允许承载力大于0.5 MPa，地震水平加速度$a=0.243g$。

(2) 计算工况和成果。

1) 库水位为正常高水位3956.4m+地震：

堰下游趾底板应力最大为：$\sigma_{max}=0.127$MPa；

堰上游趾底板应力最小为：$\sigma_{min}=-0.026$MPa；

沿建基面抗滑稳定安全系数$K=2.59$。

2）库水位为正常高水位 3956.4m，冰冻厚度 0.4m＋地震：

堰下游趾底板应力最大为：σ_{max}＝0.145MPa；

堰上游趾底板应力最小为：σ_{min}＝－0.044MPa；

沿建基面抗滑稳定安全系数 K＝1.594。

（3）抗震性能分析。从溢洪道的布置型式和结构特征看，溢流堰高度较小，体形均平顺连接，受力条件好；陡槽段和消能段均为钢筋混凝土结构，刚度和整体性均较好。尾水渠段边坡稍高，最高约 13m，但边坡较缓，为 1：1.5，对抗震稳定相对有利。溢流堰在设计烈度地震下，其地基应力在允许范围内，但正常高水位冰冻后（冰厚按 0.4m 计）遭遇地震时，其抗滑稳定安全系数为 1.594 小于规范要求应不小于 2.3 的标准。

抗震安全存在以下几个方面的不利因素：溢洪道沿程地基有砂质黏土岩、粉细砂、亚黏土等，由于缺乏地质和当时的施工处理措施等资料，难以断定发生设计烈度地震时是否发生基础破坏。另外，根据现状调查，溢洪道进口边坡及引渠挡墙、溢流堰表面等已出现较严重裂缝。溢流堰表面的钢筋混凝土与溢流堰浆砌石之间没有钢筋锚固，致使整体性较差，容易因地震造成拉裂或剪切破坏。

12.5 输水洞抗震性能分析评价

（1）计算原则和参数选取。输水洞的抗震分析包括进水塔、隧洞及其进出口边坡、明渠两侧边坡等几部分。所有的抗震计算分析均采用拟静力法。

进水塔的抗震计算包括塔体应力、整体抗滑和抗倾覆稳定以及塔基的承载力验算。塔体的计算方法是将原空间塔筒结构简化为平面杆件系统进行计算，地震作用主要考虑顺水流和垂直水流两个水平加速度方向的计算，不计竖向加速度的影响。由于缺乏动参数指标，输水洞洞身段仅进行抗震结构措施分析，隧洞进出口边坡和明渠两侧边坡稳定计算考虑最不利方向水平加速度的影响。

计算参数由经验类比分析得出。塔基与砂质黏土岩间摩擦系数 f＝0.45，塔基砂质黏土岩的抗压强度约为 1MPa。进出口边坡岩体及出口明渠两侧边坡的粉细砂抗剪强度指标由试算后综合分析确定。

（2）计算成果及分析。

1）进水塔。进水塔抗震分析计算见表 12.5－1。

表 12.5－1　　进水塔稳定计算成果表

计算工况		安全系数			基底应力/MPa			
		抗滑	抗倾		上游	下游	左侧	右侧
			前趾	高程 3946.00m				
正常蓄水位＋纵震（上→下）	关检修门	19.101	1.699	1.719	0.26	0.017	0.27	－0.004
	关工作门	21.146	1.716	1.718	0.267	0.018		
正常蓄水位＋纵震（下→上）	关检修门	1.386	2.805	2.734	0.014	0.263	0.26	－0.014
	关工作门	1.436	2.833	2.761	0.021	0.265		
正常蓄水位＋横向地震	关检修门	—	—	—	—	—	0.302	－0.025
	关工作门						0.306	－0.021

由表12.5－1计算结果可以得出：进水塔在8度地震作用下，抗滑、抗倾及基底应力均满足规范要求。

结构内力按拟静力法计算结果表明，进水塔在设计烈度地震下，塔架各主要杆件按构造要求配筋即可满足受力要求。

2）进口边坡。抗震计算结果表明，当发生设计烈度地震时，当砂质黏土岩内摩擦角 $\varphi=30°$，凝聚力 $c=40kPa$ 时，边坡最小安全系数 $K_{min}=1.337$；当砂质黏土岩内摩擦角 $\varphi=27°$，凝聚力 $c=30kPa$ 时，最小安全系数 $K_{min}=1.025$。

实验证明该处砂质黏土岩的抗压强度约1MPa，强度较低。但经工程类比及与当年参与施工的技术人员讨论后认为，温泉水库砂质黏土岩的抗剪强度指标不低于 $\varphi=30°$、凝聚力 $c=40kPa$。因此，考虑坡面又有衬砌护面等因素，认为进口边坡若没有明显不利的裂缝等构造面影响的情况下，在遭遇设计烈度地震时基本稳定。

3）出口边坡。对出口边坡的抗震试算表明：当表层粉细砂内摩擦角 $\varphi=21°$，凝聚力 $c=3kPa$；砂质黏土岩内摩擦角 $\varphi=26°$，凝聚力 $c=35kPa$ 时，最小安全系数为 $K_{min}=1.121$。当粉细砂内摩擦角 $\varphi=21°$，凝聚力 $c=2kPa$；砂质黏土岩内摩擦角 $\varphi=26°$，凝聚力 $c=25kPa$ 时最小安全系数 $K_{min}=0.936$。

经综合分析判断，出口边坡表层粉细砂及下部的砂质黏土岩的抗剪强度指标比第一种情况稍低，比第二种情况稍高。考虑到边坡没有其他的有利因素，因此，出口边坡在发生设计烈度地震时处于临界稳定状态。

4）明渠两侧边坡。明渠除少部分为黏土岩和粉细砂互层外，其余大部分为粉细砂层。计算中考虑全为粉细砂的情况，不考虑不利的裂隙构造。

当粉细砂内摩擦角 $\varphi=25°$，凝聚力 $c=30kPa$，遭遇设计烈度地震时，边坡最小安全系数为 $K_{min}=1.062$。当粉细砂内摩擦角 $\varphi=30°$，凝聚力 $c=25kPa$，最小安全系数 $K_{min}=1.066$。

可以看出：发生设计烈度地震时，以上两种情况的粉细砂抗剪强度指标，是使明渠两侧边坡处于临界稳定状态的最低值。即当粉细砂的内摩擦角 $\varphi=25°\sim30°$时，其凝聚力 c 值不应低于25kPa。

根据边坡现状试算和当年参与建库的技术人员推测，初步判断明渠两侧边坡粉细砂的内摩擦角 φ 约为30°，其凝聚力为 $c=5\sim10kPa$。因此，该边坡在遭遇设计烈度地震时，极有可能出现失稳塌滑。

（3）抗震性能分析。输水洞进水塔为封闭型箱筒式结构，整体性好，整个断面重心低，断面刚度大，对抗震较为有利。根据拟静力法计算结果，在发生设计烈度地震时，其稳定性和结构内力基本满足要求。

洞身段因缺乏动力参数，没有核算其应力。但洞身为地下结构且为全断面钢筋混凝土衬砌，结构整体性和刚度均较好，对抗震有利。隧洞进口1∶1边坡经衬砌后，遭遇设计烈度地震时基本稳定。出口边坡则处于临界状态。

出口明渠边坡遭遇设计烈度地震时，极有可能发生失稳塌滑。

另外，输水洞围岩质量差，沿洞有多处古地震留下的空洞和裂隙，洞身段衬砌分缝不太符合抗震要求，塔架和隧洞距 F_3 活动断层较近，又没有资料证明灌浆质量效果，因此，输水洞的抗震安全也存在很多隐患。

12.6 F_3 断层错动对工程安全影响分析

F_3 断层位于土工膜斜墙砂砾石坝右坝肩下，跨过溢洪道，紧邻输水洞转弯点，并向库区延伸，走向近东西向，倾向北，倾角 60°～70°，左旋走滑性质，延伸长度大于 150km，是一条晚更新世—全新世以来剧烈活动的地震断层。其活动特点是全新世以来多期剧烈活动、多期古地震形变遗迹发育。其全新世以来的水平位移达 40～83m，平均滑动速率达 7.5～9.5mm/a。

1997 年开始对此断层进行了观测，88 号水平形变仪共记录到 26 次小型错动事件，错动量均在微米级之内。26 次小型错动事件形成的累积错动量为 180μm，总体结果为左旋走滑。

鉴于 F_3 断层仍在活动，且表现出糯滑的特点，对跨过断层或其附近的建筑物可能产生剪切破坏。这种破坏包括两种类型：一为缓慢滑动逐渐累积最终导致破坏；二为地震发生时可能造成大距离的水平错动。后者对建筑物的破坏是灾难性的，人工难以采取预防措施。目前应重点防止第一种破坏，除采取必要的灌浆措施外，应加强连续的地震监测，当蠕动速率明显增加时，结合地震预报情况，尽快将水库放空，以免发生泄水建筑物破坏或垮坝等恶性事故。

12.7 结论和建议

青海省温泉水库属大（2）型工程，库区位于秀沟大断裂的西端，从区域构造体系划分来看，库区正好位于秀沟—花石峡—曲麻莱北西西向青藏滇“歹”字形构造体系的分支大断裂与东西向构造体系的东西大滩断裂的复合部位，水库位于 8 度地震区，但附近地区有 9 度地震烈度危险区。东西大滩断裂带第四纪以来活动明显，全新世以来活动强烈，平均滑动速率达 9mm/a，并发生过多次 7 级以上的古地震。根据现有的观测资料，跨越右坝肩的 F_3 断层仍在活动。所有这一切都说明，抗震问题是温泉水库面临的主要安全问题之一，必须引起高度重视。

根据分析可得出下列初步结论：

1）温泉水库坝基覆盖层中的粉细砂与含砾粉细砂以及亚黏土均为可液化土层。发生设计烈度地震时，上游坝脚有压振平台范围，坝基表层 5m 以内的材料有液化的可能性；下游坝脚有压振平台范围，坝基表层 2.0m 以内的材料有液化的可能性；其余无压振平台的坝段坝基表层 10.0m 以内的材料有液化的可能性。

2）由于仅对上、下游坝脚进行振冲加固，加大了坝基的不均匀性。经多年运用，目前沉降变形已基本稳定。但当地震发生时，仍可能出现明显的不均匀沉降，曾发生裂缝的部位仍存在开裂的可能性。

3）地震发生时，进水塔和洞身段基本稳定，局部可能产生剪切或其他变形破坏。进口边坡基本稳定，出口边坡处于临界状态，明渠边坡极有可能发生失稳。

4）地震发生时，溢洪道进水口挡墙和两侧边坡可能变形破坏，溢流堰抗滑稳定安全不足，其表面已有的裂缝可能扩大造成破坏。溢洪道沿程较差的软弱地基未加妥善处理者，均存在安全隐患。

5）在发生地震时，F_3 活动断层可能对附近建筑物产生难以预测的危害，应引起足够的重视。

根据以上情况提出下列建议：

1）补做必要的勘测、试验工作，摸清主要建筑物的地质情况和相关材料的动力特性，进一步进行建筑物的抗震性能研究。

2）研究增建或改建泄水建筑物的必要性，增加水库在危险情况下的泄水能力，确保工程安全。

3）对已发现的问题作出妥善处理。如：对大坝可能液化部位采取结合反滤排水，增加透水压重等工程措施；对各建筑物和边坡已发现的裂缝和其他险情进行修复和加固处理；对溢洪道溢流堰地基进行防渗处理；对洞身地质条件恶劣地段进行固结灌浆；对受 F_3 活动断层影响大的部位进行灌浆处理。

4）对 F_3 活动断层进行不间断地连续监测，并将监测整理成果及时报送上级主管部门和有关专业部门，以便出现异常情况时能及时采取相应的措施。

13 温泉水库大坝质量分析评价

13.1 坝基开挖处理质量分析评价

（1）地质概况。坝基河床表层为2.5～5.5m的洪积与湖积边缘混合含砾粉细砂、含砾粉质亚黏土、亚黏土及含砾中细砂透镜体，地下水埋深2～3.5m，且多具承压性。右坝肩为第三系砂质黏土岩。左坝肩出露地层为下二迭统厚层状大理岩。

（2）开挖处理措施。对坝基一般采用挖除表土（0.3～0.5m）后用振动平碾静压（一般为6遍）处理。大坝龙口段，河床厚0.5～2.5m的淤泥，采用高压水冲、人工开挖及抛填块石挤淤法施工，填筑一层厚块石、碎石混合料。

整个坝基铺设了厚0.50m碎石，碎石最大粒径约50mm。

对坝肩岩基一般采用清除表层风化层（深度0.30～0.50m），对右坝肩两条大的地震裂隙，采用扩大开挖、追踪开挖回填混凝土塞处理。对F_{10}断层破碎带进行了开挖回填水泥黏土拌和料处理。

坝基基础处理时段为1992年7月至1993年7月。累计工期1年。

（3）分析评价。坝基河床处理质量基本满足要求。坝基0＋510～0＋570段，因先期施工的振冲桩穿透了第一层承压水，造成“橡皮土”现象，处理时将翻浆部分清除，然后铺碎石筑坝。没有论证能否保护覆盖层细颗粒不发生接触流失。另外龙口段回填大量块石、碎石，若该范围位于高喷墙处，且高喷墙施工过程中，不做清理，无法保证高喷墙的质量和连续性。

另外，对现代活动大断层F_3只进行表面清理喷护处理，不能满足抗震和防渗要求。

13.2 坝基振冲处理质量分析评价

（1）振冲处理范围、质量标准。振冲加固范围在上、下游坝脚呈条带布置，振冲范围从桩号0＋140～0＋850，振冲孔呈正三角形布置。孔内填砂砾石。按抗震要求，振冲后坝基相对密度应不小于0.75。

施工时段为1991年10月1日至11月3日，1992年5月20日至10月20日，累计工期8个月。共完成振冲桩7138根，总进尺40531m，回填加固面积29390m^2，平均加固深度5.6m。

（2）振冲试验及振冲质量检查。振冲试验表明：从相对密度和标贯击数分析，振冲后段次合格率较低；个别土层振冲后有相对密度和标贯击数值减小现象。

质量检查时，采用标准贯入试验并辅以土工试验，主要测试孔隙比、相对密度和标贯击数、液性指数等项目。

1）从相对密度 D_r 分析，在8度地震烈度下，要求相对密度不小于0.75。据土工试验法和标贯击数查表法对相对密度进行评价。

振冲后，上游 D_r 平均值为0.73，下游 D_r 平均值为0.7。总的来看，振冲后上游 D_r 略高于下游，浅层振冲 D_r 提高率高于深层，下游振冲效果比上游好。但振冲后5m以上 D_r 值均小于0.75，不能满足抗震要求。

2）从液性指数来看，其 I_L 值最大0.74，均小于《水利水电工程地质勘察规范》（GB 50287—99）规定值0.75。液化的可能性较小。

3）从标准贯入锤击数法分析。由于只有振冲后标贯击数，无振冲前标贯击数，因此无法进行振冲加固效果的对比分析。只进行加固现状分析。

按照岩性和加固区域对振冲后坝基土层进行液化计算和判别，将黏土、亚黏土、轻亚黏土归入黏性土类，亚砂土、（含砾）粉细砂、（含砾）粗砂等归入砂性土类。振冲后不液化黏性土合格率均值为63.5%；砂性土合格率均值为66.5%。可见后者合格率略高。但上游砂性土合格率高于黏性土，下游砂性土合格率却低于黏性土，说明振冲对较易液化的砂性土来讲，上游振冲效果要好于下游。

从深度方面分析，随着深度增加，无论黏性土砂性土，其合格率基本都趋于增大。同一深度下，黏性土合格率略高于砂性土。黏性土的液化深度，在上游小于7m，下游小于4m。砂性土液化深度，上下游均小于6m。

从以上情况分析，虽然从液性指数反映出液化可能较小，但液性指数作为判别指标，主要适用于少黏性土（黏粒含量小于3%），而坝基的亚黏土、轻亚黏土最小的含黏量为12%。因此液性指数不能作为判别坝基是否液化的标准。

从振冲后 D_r 值和标贯击数看，坝基土不液化合格率不高，液化土层深度较大，需进一步采取其他措施加固。

13.3 坝基高压摆喷灌浆处理质量分析评价

（1）主要设计指标和工程量。根据地质勘探，需要做防渗处理平均深度9.2m，防渗范围自桩号0+050～0+875。设计要求高喷防渗墙插入不透水层1.5m，插入基岩0.5m，上部距地表0.5～1.0m。要求渗透系数小于 $n\times10^{-5}$。墙厚不小于0.25m。墙体强度：抗压强度不小于8MPa。墙体沿轴线呈折线形连接。

高喷墙施工期自1992年7月1日开始，1993年8月结束，累计工期6个多月。完成工程量：造孔418个，进尺5472.4m，面积8449m²。最大造孔深度19m，最大墙高16.5m。

（2）施工质量检查结果。自1992年9月底桩号0+057～0+690段施工结束后，对该范围进行了深1.5～2.0m的开挖检查，修补后又进行了复查。另外对其余部分，施工后，施工单位进行了全线开挖自检，未见质检资料。检查结果如下：

1）墙体连续性。在整个约600m的检查段中，除0+445～0+540和0+559～0+647标明无法查清外，共有36处出现空洞、墙体较薄、间断、不连续等质量问题，涉及孔数约占检查总孔数的1/3，尤其以中间接头处出现不连续比例最高，其出现不连续概率比钻孔处高3倍，表明接头处墙体质量比钻孔处质量差。另外出现不连续等质量问题的孔位分布范围广、多数不集中，说明墙体质量差具有普遍性。甚至有三处漏喷孔。具体见表13.3-1。

表 13.3-1 不连续孔和接头数统计表（0+057～0+559）

检查孔	只在钻孔处出现不连续	中间接头处出现不连续	在钻孔和中间接头处同时出现不连续	总的不连续孔或接头
涉及孔数	10	32	24	66
占可检查范围总孔数203孔比例/%	4.9	15.8	11.8	32.5
涉及接头数		17	14	31
占可检查范围总接头数202个比例/%		8.4	6.9	15.3

2）墙体厚度。墙体最薄处只有5～7cm。修补后墙体最大厚0.60m，最小厚0.2m。

3）墙底深度。在施工过程中，质检人员通过施工记录检查与现场抽样测深方法进行检查，其符合率达94%。但由于竣工资料中无各勘探孔有关相对不透水层深度的描述，此处无法对墙体是否插入该层及插入深度作出判断。

对0+445～0+540和0+559～0+647标明无法查清段，据原施工单位做了复查：一是抽样开挖0+445、0+530、0+560三处，表明地面1.0m以下均有一定强度的连续墙体；二是从墙顶抽样向下挖了四处，结果表明下挖0.30m均可见到板墙，未有空洞。

0+647～0+850段施工后，施工单位自检具体情况结果不详。质检部门是否检查，竣工资料也未提及。因此对此段无法进行评价。

4）物理力学性能检验。现场试喷检查表明：墙体整体性及连接性良好，墙体抗压强度15.5～23.4MPa，渗透系数$1.4\times10^{-8}\sim1.5\times10^{-7}$cm/s，弹模$1.33\times10^{5}\sim1.86\times10^{5}$kPa。

现场围井注水试验表明：墙体渗透系数平均值为5.7×10^{-9} cm/s。

K值满足质量要求。

（3）高喷墙综合质量评价。

1）现场围井和注水试验表明：围井处墙体抗压强度、渗透系数和弹模满足设计要求，高喷墙技术及其采用的施工参数基本是适合温泉水库坝基地层地质情况的。

2）0+057～0+647段已检查的墙体上部连续性较差，尤其在两板墙接头处。且具有普遍性。未检查的2～3m以下墙体是否会出现以上质量问题，不能排除。0+647～0+875段只有施工单位自检（对2m以上），该段虽然两围井注水试验满足要求，但同样不能说明下部墙体质量。

3）从墙体与相对不透水层连接来看，已有墙体深度资料不能反映墙体底部的插入相对不透水层深度（无钻探取芯或抽样开挖检查），不能排除该处发生渗漏的可能性。

4）除试验围井外，整个施工墙体未取样做抗压强度、渗透系数和弹模检验。

5）分析出现以上质量原因，有下列两方面：一是施工本身控制不严；二是受天气寒冷、交叉施工等外界原因影响。

13.4 坝体质量评价

13.4.1 主要设计指标和质量要求

主要质量控制指标有级配、孔隙率、干容重、相对密度以及碾压遍数、铺层厚度等。

13.4.2 料源情况

坝体排水棱体及上游干砌石材料取自坝址二道沟，主要为石英变质砂岩及砂板岩。

坝体ⅡA^1、ⅡB^1 和ⅡB^2 区，采用 1 号料场砂砾石料。据填筑料颗分成果统计，在 39 组试样中属级配不良的有 25 组，占总试样的 64.1%，但从平均值可判定：级配良好。另从上坝料针片状含量统计成果看，针片含量平均达 46.0%。

13.4.3 质量检测结果

(1) 粒径级配检验成果。设计、施工粒径对照见表 13.4-1。

表 13.4-1　　设计、施工粒径对照表

<table>
<tr><th>分　区</th><th>粒径或技术要求</th><th>施工填筑粒径特征值统计</th></tr>
<tr><td>垫层
ⅡA^1</td><td>D_{max}≤150mm
D_{50}=10～25mm
D<5mm 占 25%～45%
D<0.5mm 占 5%～10%</td><td rowspan="3">D_{max}≤150mm
D_{50}=7.72mm
D<5mm 占 44.35%
D<0.1mm 占 8.75%</td></tr>
<tr><td>上游砂砾石
ⅡB^1</td><td>D_{max}≤350mm
D_{50}=20～35mm
D<5mm 占 15%～35%
D<0.1mm 占 5%</td></tr>
<tr><td>下游砂砾石
ⅡB^2</td><td>D_{max}≤150mm
D_{50}=20～35mm
D<5mm 占 15%～35%
D<0.1mm 占 10%</td></tr>
<tr><td>排水棱体
ⅠC</td><td>D_{max}≤800mm
D<5mm 占 5%～15%
D<0.1mm 占 5%</td><td>粒径不详</td></tr>
<tr><td>上游干砌石
ⅠE^1</td><td>D_{max}≤400mm
D=300～400mm</td><td>粒径不详</td></tr>
<tr><td>土工膜保护层</td><td>坝体填筑料</td><td>同ⅡA^1、ⅡB^1 和ⅡB^2 区</td></tr>
<tr><td>新增排水棱体反滤层
(双层反滤)</td><td>D=50～80mm
D=5～20mm
两级配碎石</td><td>单层反滤料
D>80mm 占 0.6%，
D_{85}=39.6mm
D_{60}=19.6mm
D_{50}=14.9mm，D_{10}=0.37mm
D<5mm 占 29.4%
D<0.1mm 占 7%
双层反滤料由上述反滤料筛分后满足设计要求</td></tr>
<tr><td>原排水棱体反滤料
(单层反滤)</td><td>D_{max}≤200mm
D_{50}=35mm
D_{60}=45mm，D_{10}=5mm
D<5mm 占 25%
D<0.1mm 占 10%</td><td></td></tr>
</table>

从表 13.4-1 可看出，上坝料不能满足设计要求。

(2) 材料干密度检测。从检测结果可知：每单元的合格率均大于 90%，不合格点干密度值最小值大于设计值的 98%，满足《碾压土石坝施工技术规范》(SDJ 213—83) 的要求。

(3) 相对密度检验。无有关数据资料，但由于干密度已达到设计值，据碾压试验成果，当干密度达到设计值时，相对密度满足设计要求，由此推测施工的相对密度也可满足设计要求。

(4) 施工参数检验。根据碾压试验确定的参数，上下游堆石区铺土厚 60cm，厚度允许误差±5cm，满足《碾压土石坝施工技术规范》(SDJ 213—83) 规定±10cm 的要求。垫层区也采用 60cm 铺厚，以保证与上游堆石区一致。洒水量施工资料中未提及。

对垫层区，未按原设计进行斜坡碾压，为保证质量，采用边坡超填碾压方法，然后削坡来保证断面尺寸，除下游局部超填量偏小外，其余满足设计要求。

13.4.4 质量评价

(1) ⅡA^1、ⅡB^1 和ⅡB^2 区坝料粒径不能满足设计粒径要求；排水棱体的单层反滤料粒径级配不良，不能满足反滤要求，双层反滤可满足要求；排水棱体及上游干砌石材料由于施工粒径不详，无法评价。

(2) ⅡA^1、ⅡB^1 和ⅡB^2 区干密度和相对密度满足设计要求。

(3) 施工洒水量资料中虽未提及，但从干密度和相对密度成果分析，其加水量是合适的。

(4) 坝体碾压按照碾压试验确定的碾压参数进行，保证了碾压质量。

13.5 大坝护坡混凝土预制板质量评价

13.5.1 主要设计指标和质量要求

混凝土预制板护坡设于大坝上游坡面，铺设高程 3953.50～3960.80m。混凝土标号 250 号、200 号，板体结构尺寸为 60cm×60cm×10cm。板内均对角布置 ϕ12 钢筋。本部分施工始于 1994 年 5 月，于 1995 年 8 月完工，历时 1 年零 3 个月。

混凝土配合比设计为：水泥∶水∶砂∶石=1∶0.5∶1.95∶4.53。原材料，水泥采用 525 号普通硅酸盐水泥，细骨料取自坝下游 15km 的冲沟，含泥量较大，采用水洗处理。粗骨料取自距水库 7km 处的料场，经测其中天然级配中 5～20mm 含量偏少。

混凝土预制施工采用机械搅拌，平板振捣器振捣，坍落度控制在 3～5cm 范围内。

13.5.2 质量检测及评价

(1) 骨料检测。砂料共取样 16 组，含泥量 1.6%～9.3%，合格率 25%，平均细度模数 2.54，属中砂，级配良好。

粗骨料一般按 5～20mm、20～40mm、40～80mm 分级，实际施工选用 5～30mm、30～60mm 非常规分级。但各粒径组均有超逊径超标和针片状颗粒含量超标情况。

(2) 混凝土强度质量检测。混凝土抗压强度平均值为 289.36kg/cm^2，强度值均高于设计强度的 90%，混凝土强度保证率平均为 91.04%，混凝土离差系数平均为 0.152，均满足有关规范规定。

13.6 复合土工膜防渗层质量分析评价

13.6.1 主要设计指标和质量要求

坝体防渗系统自外至内由混凝土预制板（或干砌块石）保护层、砂砾石保温层（厚1.2m）、细砂过渡层（厚0.10m）以及复合土工膜和支持垫层。复合土工膜为两层土工布夹一层PVC膜，结构尺寸为$200g/m^2/0.6mm/250g/m^2$。

原设计对复合土工膜原材料质量有下列要求：

抗渗强度：1.05MPa水压力下，48h不渗水；

渗透系数：小于10^{-11}cm/s；

断裂强度：20℃，25±2.5kN/m；

断裂延伸率：不小于50%；

对材料黏结强度要求：不小于母材断裂强度的50%。

13.6.2 原材料试验和测试主要成果

工程施工前进行了有关试验和测试，施工过程中也抽样进行了检测。检测表明：

（1）接缝质量。常温下，试验黏结强度为17.65kN/m，为母材强度（25±2.5kN/m）的64.2%～78.4%。施工过程中黏结强度质量检测的平均强度18.32kN/m，合格率96.6%（以达到母材强度的50%计）。在浸水240天的黏结强度由19.16kN/m变为21.5kN/m，伸长率由88.0%变为72.3%。冻融后黏结强度由19.16kN/m变为20.2kN/m，伸长率由88.0%变为74.0%。

（2）原材料质量。经检测施工期质量和现场试坑浸水、冻融试验成果见表13.6-1。

表13.6-1　　复合土工膜主要质检指标

规　格	试验项目		原材料指标	1993（1994）年检测	现场试验
$200g/m^2/0.6mm/250g/m^2$	单位面积质量/（g/m^2）		1302	1320（1276）	1276
	厚度/mm		2.644	2.644（2.539）	2.539
	拉伸强度/（kN/m）	纵向	26.55	26.55（23.57）	21.69
		横向	36.43	27.1（36.43）	25.3
	延伸率/%	纵向	64.8	56.33（64.84）	49.4
		横向	69.7	69.59（69.17）	57.5
	渗透系数/（cm/s）		3×10^{-12}		
	顶破强度/N			＞2000	1875
	抗渗强度/MPa		＞1.47	＞1.47	＞1.47
	黏结强度/（kN/m）		19.98	18.32	17.7

从上表中可看出：断裂强度及延伸率随时间延长，其值有所降低，但各值均满足设计要求，且各项目的离差系数C_v值小。

原材料室内浸水和冻融试验，结果如下：断裂强度在浸水240天由23.8kN/m变为25.7kN/m，伸长率由52.1%变为52.8%。冻融后断裂强度由23.8kN/m变为23.2kN/

m，伸长率由 52.1.0%变为 56.0%。

(3) 复合土工膜与截水槽连接，检测发现部分埋膜呈水平状，据竣工验收资料，槽内塑性混凝土强度保证率小于 50%，离差系数 0.912，属不合格。

13.6.3 质量评价

(1) 按《水利水电工程土工合成材料应用技术规范》(SL/T 225—98) 的规定：接缝拉伸试验，要求黏结强度不低于母材的 80%，且试样断裂处不得在接缝处。因此原黏结强度标准明显较低。

(2) 原材料经室内试验和复核计算，本工程采用的复合土工膜，其厚度、单位重量、原材料的抗渗性能、抗断裂强度和延伸率等主要指标均能满足设计要求。室内和现场浸水、冻融试验证明：在实际的工程运行中，复合土工膜的抗断裂强度和延伸率均可满足设计。现场温度观测表明：复合土工膜实际工作温度均在试验范围之内。说明复合土工膜可正常工作。

(3) 复合土工膜与截水槽连接保证率低，易发生破坏，引起渗漏。

13.7 溢洪道质量分析评价

13.7.1 溢洪道地基开挖处理质量评价

溢洪道在施工过程中优化改线，将原轴线向临河侧移动，长度变为 530m，减少了开挖量。改线后的地质情况无具体记录，据有关人员描述大部分为砾质胶结黏土岩、粉细砂等多种岩性，下游低洼处上覆有亚黏土。具有抗压强度低，易软化、冻胀等特点，且轴线穿越了 F_3 活断层。

溢洪道开挖方法：黏土岩部分采取人工配合机械进行松动爆破，挖掘机挖装，推土机集料，翻斗车运输，挖方深度最大约 13m。基础部分采用薄层钢钎和十字镐等工具进行人工铲挖。

无资料表明有特殊地基处理措施，溢流堰基础也无防渗措施。

该范围没有详细的开挖及地基处理记录，因此无法做出确切评价。溢洪道虽然没有经过过水考验，但由于冲沟基岩顶高程低于正常高水位，基础无防渗措施，据水库管理人员反映，下游有渗漏现象。据此可推测高水位下，极有可能发生更大渗漏。

13.7.2 混凝土浇筑质量分析评价

(1) 主要设计技术指标、工程量等。溢洪道大部分为钢筋混凝土结构，溢流堰采用浆砌石结构，过流面为厚约 0.50m 的钢筋混凝土。

混凝土总浇筑方量约为 2300m³。共分溢流堰，扭曲渐变段、陡槽段、消力段、扩散段等几部分组成。混凝土设计标号为 200 号。水泥为 525 号、425 号普通硅酸盐水泥。

(2) 混凝土的原材料质量检验。

1) 水泥。水泥采用青海水泥厂生产的 525 号、425 号普通硅酸盐水泥，但无质检资料。

2) 砂石料。实验数据表明：粗骨料粒径级配变化较大，其中 20～40mm 粒径含量相对较高。骨料为板砂岩，针片状含量较高，占 19%～20%，超出规定的小于 15%的标准。细骨料中细度模数平均值稍高于施工要求。含泥量也稍高于规范规定的小于 3%的标准。

3）水及外加剂。混凝土拌和水使用雪水河河水，是正常的饮用水，符合混凝土拌和要求。外加剂有早强引气减水剂和氯化镁防冻剂等，无具体指标。

（3）混凝土抗压强度见表13.7-1。

表13.7-1

混凝土设计标号	样本组数	计算方法	平均强度/（kg/cm²）	均方差 σ	离差系数 C_v	强度保证率 P/%	合格率/%
200	39	数理统计法	235.3	32.6	0.14	86	97.4

可见，混凝土强度合格率较高，满足设计要求。

13.7.3 运行期质量评价

水库投入运用以来，由于溢洪道至今未经过泄洪的考验。但从外观看建筑物现状有以下问题：

（1）溢洪道进口左岸浆砌石扭曲墙有一垂直裂缝长1.3m，宽3mm；右岸浆砌石扭曲墙有垂直裂缝长1.5m，宽2cm。

（2）溢流堰右侧翼墙砂砾石岸坡上有两条平行裂缝长2.2m，宽9cm，有两条交叉裂缝长8.5m，宽3cm。溢流堰左侧翼墙垂直裂缝长2.6m，宽3cm。

（3）溢洪道左岸土体有水平裂缝3条，最长15.4m，最宽5cm，最深25cm。

以上问题主要集中在溢流堰和进水口的两侧边墙和两岸岩体部位，均未进行处理。

13.7.4 溢洪道综合评价

（1）施工开挖质量、混凝土原材料及浇筑质量基本满足要求。

（2）进水口两岸边坡及翼墙多处出现裂缝，表明溢洪道进口部位因基础不均匀沉降或温度作用已发生变形，若不及时处理，有可能引起结构破坏和坡体塌滑，影响泄洪运用。

（3）溢洪道改线后，没有详细的做有关地质工作。进水口没有防渗措施，存在渗漏隐患。

（4）溢洪道穿越正在滑动的F_3活动断裂带，有可能发生错动剪断破坏。

13.8 输水洞质量分析评价

13.8.1 进口段质量分析评价

（1）主要设计要求。引渠段采用浆砌石衬砌，设计标号为100号，厚度为30cm，浆砌石656m³。进水塔采用钢筋混凝土衬砌，250号混凝土，共400m³；进水塔周围山体采用浆砌石护坡。塔后回填砂质黏土岩强风化料、砂质黏土，回填高程3953.00m。

进口翼墙及齿墙均为150号混凝土。水泥为525号、425号普通硅酸盐水泥；砂石料就地取材。

（2）原材料质量检验。水泥情况同溢洪道，粗骨料的级配变化范围较大，20～40mm粒径含量相对较高。且骨料针片状含量19%～40%，超出规范标准（规范规定为小于15%）；混凝土施工中的砂料采集和细度模数控制较好，属中砂偏粗料，含泥量略高于规范规定的标准。

混凝土拌和水和外加剂情况同溢洪道。

（3）施工质量评价。开挖进口明渠采用人工开挖，架子车运输。浆砌石砌筑时，砂浆拌和采用搅拌机配合人工拌和。

混凝土的施工按规范要求取混凝土抗压试块，标准养护，进行抗压试验，进水塔混凝土试块抗压强度见表13.8-1。

表13.8-1　　　　进水塔混凝土强度统计表

混凝土标号及部位	样本容量	计算方法	平均强度/（kg/cm²）	均方差 σ	离差系数 C_v	强度保证率 P/%
250	12	数理统计法	299	41	0.14	86

从表13.8-1可以看出：混凝土强度基本满足要求。浆砌石检测平均强度 R_{28} = 143kg/cm²，满足设计要求。

（4）运行期质量评价。进水塔运行中塔体出现裂缝，当水库水位达到裂缝所处的位置时，裂缝处有喷水现象。表明属贯穿性裂缝，目前没有进行处理，应引起重视。

（5）综合评价。混凝土原材料中个别项目质量特别是粗细骨料质量指标不完全满足要求，但混凝土主要指标合格。浆砌石质量也满足要求。

进水塔出现的贯穿性裂缝，可能导致钢筋锈蚀，对进水塔的整体性和受力状态都会产生影响。

由于进水塔基础为砂质黏土岩，易软化，但没有资料证明进行了灌浆加固处理，对进水塔稳定不利。

13.8.2　洞身段质量分析评价

（1）洞身地质条件和主要设计要求。洞身采用钢筋混凝土衬砌，衬厚0.30cm。每7.5m设一施工缝，全洞共设沉陷缝两处。

洞身大部分处于断裂的破碎影响带范围内。靠上游进口穿越 F_3 断层带宽15～60m，为挤压破碎带。靠下游出口穿越 F_1 断层破碎带及严重影响带宽约50m，主要为碎块岩。且穿越一条宽约0.9m的地震裂隙，局部有空洞。围岩覆盖层较薄。

对断层影响带应加强混凝土衬砌并进行固结灌浆处理。

（2）开挖质量评价。洞身开挖采用钻爆法掘进，洞顶先掘进深1.5～2.0m，分上下两层，然后上下两层同时起爆，利用人工装车，架子车出渣。日掘进速度5m左右。开挖质量控制措施：①为保证洞子成型，掌子面炮眼一般10个以上，严格控制炸药用量及炮孔位置和间距，以免产生超欠挖或破坏围岩；②严格控制洞线水平位置和高程精度。仅用45天便将整条洞子贯通。

（3）原材料质量检验。粗骨料采自坝下游左岸山后和坝下游6km的开采料场，砾料为板砂岩，针片状含量高，局部夹有含砾中细砂透镜体。天然含水量2.0%～3.8%，干容重1.97～2.29g/cm³。超径高于规定值，其他满足要求。

细骨料检验结果同进水塔。其他材料来源同进口段。

（4）混凝土浇筑施工质量评价。混凝土配比采用假定容积法计算，并经试拌调整确定。

为达到设计要求的强度，施工要求的和易性，节约水泥用量，掺加水泥用量1/10000

早强引气减水剂或水泥用量1/4的RC型减水剂。当地日平均气温在−3℃以下，为保证混凝土的凝结硬化，拌和时掺加了水泥用量5%的氯化镁防冻剂。

混凝土质量检验由施工单位自检，质检站抽检，随机取样，分段抽检的方法，检验表明混凝土强度满足设计要求。具体见表13.8-2。

表13.8-2 输水洞混凝土抗压强度检测成果汇总表

设计标号	取样组数 n	平均强度 /（kg/cm^2）	均方差 /（kg/cm^2）	离差系数 C_v	保证率 /%	合格率 /%
250	66	331.4	64.9	0.20	89.4	95.5

（5）运行期质量评价。运行过程中没有发现大的质量问题。

（6）综合评价。洞子开挖只有控制措施描述，无开挖质检成果，不能准确评价开挖质量。混凝土原材料质量基本满足要求。混凝土强度满足设计要求。

13.8.3 出口段质量分析评价

（1）出口明渠概况和主要设计要求。出口明渠0+031～0+130段两岸渠坡为砂质黏土岩，0+130～0+261段两岸渠坡和基础均为洪积粉细砂，洪积粉细砂边坡最高约12m，衬砌边坡高3m，两侧边坡坡比均为1∶1。

砂质黏土岩无荷载膨胀量达12.7%，自由膨胀率31%。

出口明渠采用浆砌石和干砌石砌筑。

明渠段浆砌石标号100号，厚30cm，要求石料质地新鲜，石质均匀、表面清洁坚硬的石块。勾缝砂浆宜饱满，石料、砂浆及施工均应符合砌体的相关技术规范要求。

（2）开挖砌筑质量评价。出口明渠土方开挖深度较大。3m以上部分土方采用2台120kW推土机开挖，3m以下部分利用1台反铲挖掘机（斗容$1m^3$）配备翻斗车出渣。

为保证砌石厚度和质量，选用体积较大并至少有一个平面的石料。出口明渠有浆砌石和干砌石两部分组成。经修改部分干砌石改为铅丝石笼护坡。砂浆采用人工拌和，保证拌和的均匀度和稠度。

对干砌石施工，边砌边用砂砾石回填，摆放块石保证其稳定性和厚度。铅丝石笼护坡的施工方法为：用10号和8号铅丝固定石块，用ϕ18钢筋锚固，纵向采用ϕ14的钢筋和锚筋焊接在一起，形成整体的钢筋网。为适应基础变形在中间将分布筋割断。

（3）运行期质量评价。经过4年以上的运行实践，基本运用正常，但局部出现一些问题：出口明渠左岸边坡出现裂缝；明渠浆砌石及干砌石由于基础冻胀而出现裂缝、沉陷和坍塌等。上述问题虽经多次处理，但效果不佳。

（4）综合评价。由于梯形断面浆砌石和干砌石结构砌厚0.3m，且基岩的膨胀变形严重，易造成坍塌破坏。

考虑泄洪后渠底位于水下。根据已有资料并做部分假设后估算：设计冻深1.748m，浆砌石基础设计冻深1.853m，基础下冻土深度1.553m，基础以下冻胀量约160mm，冻胀性属Ⅳ类。可看出冻胀是严重的。

建议加固处理设计中，详细调查该处的工程地质、冻土、气象、冰情、等基本资料，进行结构的抗冰冻设计，以适应基础的冻胀变形和沉陷变形。

13.9 大坝质量综合评价

13.9.1 坝基开挖处理质量评价

坝基 0＋510～0＋570 段，开挖处理方案未能有效封堵渗漏通道。有发生渗透破坏的可能。

龙口 0＋660～0＋710 段，回填大量块、碎石，该处在高喷墙施工过程中处理情况不详，如未作清理，极有可能形成渗漏通道。

13.9.2 坝基振冲加固质量评价

振冲后，孔隙比降低 4.96%～11.1%，相对密度提高 4.7%～24.6%，浅层振冲效果比深层好，下游振冲效果比上游好，但 6m 以上深度的 D_r 均小于 0.75，不能满足抗震要求。

总之，振冲后，土层仍有一定的液化深度，需进一步采取压重等其他措施加固。

13.9.3 高喷墙综合质量评价

从墙体质量检验结果分析，墙体出现水包、裹石、空洞等不连续质量问题较多，墙体插入相对不透水层深度不能准确确定，不能排除发生集中渗漏的可能性。作为坝基主要防渗措施，其渗漏危害性极大，若不及时加固，下游坡脚可能产生渗透破坏。

13.9.4 坝体填筑质量评价

（1）坝体主要填筑区（ⅡA^1、ⅡB^1 和ⅡB^2 区）材料粒径不能满足设计粒径要求，施工虽采用人工筛分也不能满足要求；排水棱体的反滤料不能满足反滤要求。

（2）坝体主要填筑区（ⅡA^1、ⅡB^1 和ⅡB^2 区）代表其填筑质量的干密度、相对密度等指标满足设计要求。运行期坝体出现的纵向裂缝，初步分析，是由坝基不均匀沉降造成的，与坝体填筑质量关系不大。

13.9.5 溢洪道质量评价

（1）主要评价结果。溢洪道结构总体布置较合理。但溢流堰长 25m，没有分缝，受力条件不利。

混凝土骨料质量方面，除针片状含量较高，含泥量也稍高外，基本性能满足要求。

施工质量方面，混凝土整体强度合格率较高。

（2）主要问题有。进水口基础未做防渗处理，易发生直接渗漏。进水口两岸边坡及翼墙出现多处裂缝，若失稳滑塌，则会影响溢洪道正常运行。

溢流堰可能因地基不均匀沉降造成破坏。F_3 断裂带的错动可能对溢洪道产生剪断破坏，应有预防措施。

13.9.6 输水洞质量评价

（1）进水塔质量分析评价。塔基砂质黏土岩易软化，基础是否处理不详，是塔体稳定的隐患。

塔体混凝土骨料除粗骨料片状、含泥量超标外，基本满足规范要求。进水塔混凝土强度基本满足设计要求。

塔体存在贯穿性裂缝，对进水塔的整体性和受力状态会造成不利影响。

（2）洞身段质量分析评价。洞身段衬砌混凝土质量合格；但洞身特别是岩性较差的破碎影响带灌浆质量不详；洞身衬砌型式未能根据不同部位不同岩性而适当变化；洞身结构应根据高地震烈度区的特点，适当布置抗震缝，并可将沉陷缝和抗震缝结合使用，而该洞实际设置的沉陷缝过少。

洞身紧靠 F_3 活动断裂带，其错动可能使洞身产生剪断破坏。

（3）明渠段质量分析评价。明渠段衬砌结构型式不适应其基础岩体本身的膨胀变形和冻胀变形较大的特点；对粉细砂的强度指标而言，1∶1 的边坡过陡。以上因素导致边坡经常发生破坏。应在详细查明地质气象条件后，采取更适合的衬砌型式，并对边坡进行削坡减载等处理。

14 温泉水库大坝结构性能分析评价

14.1 主要工作内容和基本资料

(1) 主要工作内容。大坝渗流稳定方面通过对坝基地质条件、防渗系统施工质量、水库运行情况、渗流稳定计算结果分析，分析水库渗漏原因，评价大坝渗透稳定性。

大坝结构稳定性评价，一是采用反映大坝施工质量和运行情况的参数进行坝体抗滑稳定性分析评价；二是变形稳定性分析。包括坝顶高程复核、坝体沉降和裂缝分析评价。

溢洪道、输水洞结构稳定性评价，包括结构稳定、结构内力和泄流能力复核，水力分析，以及相关联的边坡稳定复核。

(2) 主要资料。有甲方提供的技施设计说明书、初设和技施阶段地质报告，竣工验收报告，施工记录，会议纪要，走访设计施工人员所得资料等。

14.2 大坝渗流稳定评价

14.2.1 主要防渗排水措施

坝基除靠右坝肩部分为砂质黏土岩外，主要由冲洪积和湖积边缘相的砂砾石、砂土、亚黏土、轻亚黏土构成，其中表层3～8m范围内为粉细砂及松散砂砾石、砂质壤土、亚黏土，且其分布层位不稳定，在该深度下，上游坝脚处有厚约7m的黏土、亚黏土层，一直伸入库区厚度递增至100m，层位稳定，渗透系数 $K=1.5\times10^{-4}$ cm/s，作为相对不透水层。

河床覆盖层采用表层清理。上下游坝脚基础采用振冲加固处理，处理后形成单个平均直径1.0m的透水基桩群，在施工过程中，由于振冲桩击穿了承压水，出现了橡皮土，处理时仅将该土挖掉，回填料未保证按反滤要求进行设计施工。

两岸坝基处理除进行一般清基外，对 F_{10} 断层、地震裂隙都进行了开挖回填，但 F_3 断层未做防渗处理。

防渗采用高压摆喷水泥浆防渗墙，墙底部插入相对不透水层、岩层。坝体防渗采用在上游坡面铺设复合土工膜形式。

整个坝基铺设了厚50cm碎石层，其与上下游振冲桩上的砾石垫层相连通，形成排水通道。

14.2.2 大坝运行渗漏情况及处理

自1993年6月截流以来，河床一直有一小股渗水，渗漏量为0.1～8.23L/s，几乎随库水位升降同步增减。

1995年9月27日，当库水位升至3953.00m时，发现坝脚下游25～100m范围原河道及靠坝侧发现黄豆大的泉眼渗水百余处，在坝下游左侧有 1000m² 的渗水湿润区；坝下游右侧有 400m² 的渗水带，渗漏量 0.1L/s，并有少量泉眼。坝后排水棱体处渗水在库水位 3954.00m 时为 3.8L/s。在最高库水位 3955.76m 时最大渗水为 8.23L/s。沿原河床边两岸的洪积砂砾石地层中集中出露着 18 个泉眼，最大处距离坝脚 90m，出露高程一般为 3946.60～3947.40m，最大一孔泉眼直径最大 5cm，出露高程 3950.36m（距坝脚 20m）。有 4 处泉眼有沙沸现象，单个泉眼最大渗漏量为 0.125L/s，估计泉眼总渗水量约 2～3L/s。

1998 年和 2000 年分段在距坝脚 30m 处开挖一条纵向排水沟，处理后，下游大面积渗水区基本消失，但河道泉水渗漏仍存在。

14.2.3 渗流计算分析

根据大坝现状结构、大坝施工质量，通过对各材料的渗透系数和防渗墙质量缺陷的模拟，一方面验证、推测质量缺陷对大坝的影响；另一方面对大坝未来高水位下的渗流稳定性做出评价。

首先进行模拟计算，通过计算浸润线与观测浸润线进行比较，验证所取用参数和各种缺陷假设情况的准确性。然后计算正常高水位 3956.40m 时的渗流情况。模拟的主要情况有：防渗墙质量缺陷，如墙体不同部位出现缺失空洞，墙体下部未插入相对不透水层；坝基铺设 50cm 的透水层渗透系数调整试算、坝体和排水棱体渗透系数调整试算等等。

计算采用黄河水利委员会水利科学研究院的平面渗流有限元程序。

分析发现，防渗墙有缺陷及防渗墙插入相对不透水层的深度，上游压振平台下设不设厚 1m 的黏土垫层、坝体上、下游砂砾石区和坝体排水层渗透系数的大小都对渗流计算结果有影响。其中坝基顶面厚 0.50m 透水层对坝体浸润线影响最大。防渗墙缺陷次之。

计算成果表明：无论防渗墙有无缺陷，下游坝脚处亚黏土、轻亚黏土的渗透比降均大于允许渗透比降；粉细砂渗透比降小于允许渗透比降。坝体总体浸润线较低，防渗墙缺陷部位越高，浸润线越高，渗漏量越大。从反滤准则分析，在粉细砂层连续的情况下，可以保护其下的亚黏土、轻亚黏土不发生渗透破坏。

14.2.4 大坝渗漏稳定评价

（1）渗漏原因分析。据调查，建坝前，坝址处已有泉水出露，具体位置不详。蓄水后，泉眼集中出现于原河道两侧，从泉水渗漏量与库水位的过程线看，两者几乎呈同步变化。另外经走访有关管理人员，泉水渗漏量与降雨无明显联系。这表明下游渗漏泉水主要受库水控制或者说两者关系密切。从渗漏通道上看，如果说渗水是库水通过建坝前原泉水通道补给，一般会出现渗水滞后现象。因此说渗漏通道主要在坝下。

造成渗漏的原因有三：一是防渗墙存在质量缺陷；二是坝基地层不连续，不能形成对亚黏土、轻亚黏土保护而发生渗透破坏；三是两坝肩无防渗措施，造成绕渗。

（2）渗漏分析评价。从下游翻砂冒水渗漏情况分析，坝基已发生渗透破坏，形成渗漏通道，而且计算表明，在高水位下情况将更为严重。若不及时处理，远期渗漏范围呈现扩大趋势。

目前，虽然采取上游局部铺填黏土覆盖，下游增设排水沟等措施，泉眼数量、浸润区面积和渗漏量均有所减小。但高水位下仍有翻砂冒水，说明渗漏通道仍然存在。应采取进一步措施予以封堵。

另外 F_3 断裂仍在活动，一旦再发生地震或 F_3 断层活动加速，会危及大坝安全，应制定相应的遇险方案。

（3）建议。为有效防止渗漏，根本措施是对已存在质量问题的防渗体进行补充加固处理，并延长防渗范围至两岸一定范围。在下游渗水点挖设减压排渗井，并结合抗震压重做好渗流出口的反滤保护，防止渗透破坏范围扩大。

另外鉴于 F_3 断裂目前仍在活动，若防渗体发生破坏，将会引发比目前更大的渗漏，且不易控制，应制定相应的遇险方案。

另外，应增设观测设备，加强对测压管水位和渗漏量的观测以及渗水透明度的观测。注意监测断层活动情况以及其与相应部位渗漏量的联系。

14.3 大坝结构稳定评价

14.3.1 大坝现状和主要评价内容

大坝目前主要问题即坝顶超高、坝体裂缝和沉降变形问题。

（1）坝顶超高。由于100年一遇设计洪水位由原来的3957.32m变为3957.79m，提高0.47m，2000年一遇校核洪水位由原来的3958.10m变为3959.00m，提高0.90m。其他标准不变。

计算时波浪爬高计算按照莆田试验站公式，最大风壅水面高度和安全加高根据《碾压式土石坝设计规范》（SDJ 218—84）规定计算。

（2）坝体裂缝。温泉水库蓄水后，通过4年的运行，发现在大坝上、下游坝面多次发生裂缝，但多为纵向裂缝，具体情况见表14.3-1。

表 14.3-1　坝体裂缝情况统计表

裂缝编号	发生日期/(年.月)	裂缝走向	裂缝宽度/cm	高程部位	桩号
1	1993.12	向下游	5.0	上游坝坡 3954～3956m	0+513附近
2	1994.6	坝轴向	5.0	上游坝坡 3953.7～3954.5m	0+464～0+472
3	1995.6	坝轴向	1.0	下游坝坡 3953.8～3955.8m	0+167～0+475.7
4	1994.7	坝轴向	17.0	上游坝坡 3954～3956m	

从裂缝开展的时间看，施工期即开始，持续至今。处理方法，曾进行开挖回填，水泥砂浆灌浆处理等，但灌浆处理效果不明显，灌浆后一段时期在灌浆孔处仍发现开裂。

（3）沉降变形。从两个沉降观测断面观测成果分析，各测点的沉降速率在施工期较大，竣工后立即趋缓。坝顶年递增沉降量与坝高（含可压缩层深度）比值为0.016%，小于0.02%。

因此认为大坝的沉降变形已达到了稳定状态，在正常运行条件下，大坝将不会再产生过大的沉降变形。

（4）坝体抗滑稳定。主要进行了大坝上游复合土工膜保护层和坝体稳定两方面计算。对前者采用两种方法计算复核，即折线推力法和《土坝设计》（顾淦臣、陈明致编著）中的计算方法。对后者采用中国水利水电科学研究院陈祖煜编制的“土质边坡稳定分析程序

STAB95”中的瑞典圆弧法计算。各工况参照原设计，计算参数主要来源于《温泉水库工程地质勘察报告》。

14.3.2 主要成果

坝高复核：按复核后的洪水标准，坝高不能满足要求，需加高1.41m。

结构稳定：上游保护层、坝体稳定均满足有关规范规定。

变形稳定：坝体沉降变形量不大；沉降变形基本符合一般规律；沉降变形已趋于稳定，在正常运行条件下，大坝将不会再产生过大的沉降变形。坝体出现的纵向裂缝对坝体稳定影响不大。

14.3.3 问题原因分析

个别测点沉降变化不符合一般规律，是由于温泉水库的特殊的地理位置，高寒气候原因，施工不连续（冬季不能进行填筑施工）造成的。

纵向裂缝的产生，应排除渗漏淘空等外部原因和坝体本身填筑施工质量等内在问题。从裂缝开展位置看，其与坝基振冲范围较吻合，因此可判断裂缝主要是由于坝基局部振冲造成坝基密实度相差过大，沉降不均匀引起的。

14.3.4 结论及建议

大坝满足抗滑稳定要求。

在新的洪水标准下，必须对坝体进行加高，以策安全。

坝顶裂缝虽数量不少，但从沉降观测资料分析，大坝的沉降变形已趋于稳定，因此可推断：现有裂缝深度、宽度开展速度将趋缓，坝体不会继续大规模地出现新的裂缝。但应注意由于右坝肩 F_3 断层活动而引起地坝体横向裂缝。

14.4 溢洪道结构分析评价

（1）结构布置。溢流堰25m长，未分缝，堰体为浆砌石，过流面厚为0.5m钢筋混凝土。堰下未进行防渗灌浆处理，堰体与基础没有锚固或其他处理措施。

溢洪道陡槽段和消能段为整体钢筋混凝土结构，衬砌底部设有纵向排水管。

（2）溢流堰抗滑稳定分析及基底应力计算。计算仅考虑沿建基面抗滑安全性，基础岩石按Ⅴ类复核，根据《溢洪道设计规范》（SL 253—2000）提供的标准，浆砌石与砂质黏土岩接触面间的抗剪断参数取 $f'=0.4$，$c'=0.05$MPa。计算中不计泥沙压力和脉动压力。计算中考虑正常高水位运用、正常高水位遭遇冰冻（厚0.4m）、设计水位泄洪三种工况。

（3）计算结果表明：各工况地基面最大压应力 $\sigma_{max}=0.118$MPa，此处砂质黏土岩的承载力即使考虑软化等因素也应在0.5MPa以上，因此地基承载力足够。但在后两种工况下，溢流堰上游趾处底板均出现拉应力。根据SL 253—2000的规定，溢流堰上游面铅垂方向最小正压应力应大于零，因此堰基拉应力不满足规范要求。

以上三种工况的抗滑稳定安全系数分别为2.87、1.693、1.679。根据SL 253—2000的规定，堰基底面抗滑稳定采用抗剪断强度公式计算时，其抗滑安全系数基本荷载组合应不小于3.0，特殊荷载组合应不小于2.3，因此以上各工况抗滑稳定安全系数均不满足规范的要求，抗滑稳定安全系数偏低。

（4）溢洪道水力设计复核。溢洪道按复核后新的洪水标准计算在设计水位和校核水位下流量分别增大约1倍。造成溢洪道侧槽边墙和消力池边墙在校核水位下墙高不满足泄洪要求，消力坎高度在设计洪水和校核洪水下均不满足要求。消力池长度基本满足使用要求。

总体来看，溢洪道泄流能力较低（按210m³/s泄量计算，24h泄量约为1814万m³）。

（5）评价。温泉水库库容较大，又处于高地震烈度区，水库总体泄流能力偏小，现有溢洪道无法在正常高水位以下应急泄流。而且泄流能力偏低。

溢流堰没有防渗和其他基础处理措施，其抗滑稳定安全系数不满足规范要求，某些工况下底板有拉应力出现。

按复核后的洪水标准，部分建筑物现有体型不满足安全泄洪的要求。

建议从枢纽的整体需要考虑确定溢洪道的型式和泄流规模，并对出现的裂缝和其他不安全因素进行加固处理。

14.5 输水洞结构分析评价

（1）结构布置。输水洞包括进水塔、洞身段、消能段和明渠段。进水塔、洞身段和消能段均为钢筋混凝土整体结构。明渠段主要为浆砌石结构，两侧粉细砂质边坡坡比为1∶1，F_3活动断层在洞身附近穿过。

（2）结构计算分析。

1）进水塔。进水塔结构计算包括稳定分析、内力计算和基底应力计算。计算中取f＝0.45，砂质黏土岩的抗压强度约1.0MPa。各工况稳定及基底应力计算成果汇总见表14.5-1。

表14.5-1　进水塔整体稳定计算成果汇总表

计算工况		抗滑		抗倾（前趾）		抗倾（高程3946.00m）		基底应力/MPa			
		计算值	规定值	计算值	规定值	计算值	规定值	上游	下游	左侧	右侧
基本组合	设计洪水位＋关检修门	2.218	1.10	2.209	1.35	2.173	1.35	−0.120	0.379	0.268	−0.004
	设计洪水位＋关工作门	2.284		2.233		2.197		−0.006	0.270		
特殊组合	校核洪水位＋关检修门	1.869	1.05	2.054	1.10	2.017	1.10	−0.150	0.383	0.256	−0.014
	校核洪水位＋关工作门	1.931		2.076		2.039		−0.148	0.390		
	正常蓄水位＋关检修门＋纵向地震（上游向下游）	19.101	1.05	1.699	1.10	1.719	1.10	0.260	0.017		
	正常蓄水位＋关检修门＋纵向地震（下游向上游）	1.386		2.805		2.734		0.014	0.263		
	正常蓄水位＋关工作门＋纵向地震（上游向下游）	21.146		1.716		1.718		0.267	0.018		
	正常蓄水位＋关工作门＋纵向地震（下游向上游）	1.436		2.833		2.761		0.021	0.265		
	正常蓄水位＋关检修门＋横向地震（左侧向右侧）									0.302	−0.025
	正常蓄水位＋关工作门＋横向地震（左侧向右侧）									0.306	−0.021

在现有计算条件下，塔体稳定满足要求。塔底部出现较小的拉应力可能与计算的扬压力过大并未考虑交通桥荷载有关。总体认为塔基应力基本满足要求。内力计算结果表明，现有进水塔的体型按构造配筋即可满足受力要求，已有配筋基本满足要求。

2）洞身。隧洞洞身计算隧洞钢筋混凝土衬砌计算程序SDCAD进行，可计算衬砌的内力、配筋及裂缝开展宽度等，其中内力计算按边值法进行，其中山岩压力的计算采用普氏理论，考虑洞底抹角的影响，隧洞衬砌混凝土标号为250号，但考虑到施工质量等不利因素，复核计算中按C20的强度指标考虑。外水水头按可能的最大水头考虑，最大外水头13m。计算中砂质黏土岩强度指标的取值范围：容重：$\gamma=25.48\text{kN/m}^3$；围岩单位弹性抗力系数：$k_0=550\text{MN/m}^3$、$k_0=850\text{MN/m}^3$；围岩牢固系数：$f=0.5$、$f=1$；围岩内摩擦角：$\varphi=24°$、$\varphi=33°$。

当外水水头为13m，围岩牢固系数$f=0.5$，内摩擦角$\varphi=24°$时，内力及裂缝宽度计算结果见表14.5-2。

表14.5-2　隧洞内力及裂缝开展宽度计算成果表

部位		N/kN	M/(kN·m)	配筋	裂缝宽度/mm
底板	中部	-627.5	100.4	Φ14@200	0.31
	端部	-689.7	-48.5	Φ14@200	0
侧墙	下部	-689.7	-48.5	Φ14@200	0
	中部	-646.2	6.4	Φ14@200	0
	上部	-639.7	-87.4	Φ14@200	0
顶拱	中部	-665.6	-87.4	Φ14@200	0
	端部	-498.5	68.9	Φ14@200	0

综合各计算方案，除表中所列底板中部出现超过限裂宽度的裂缝，其他均未出现裂缝。计算过程显示这种裂缝发生在施工工况，正常运行工况下不会出现裂缝。因此，洞身段衬砌结构和配筋均满足要求。

3）进出口边坡及明渠边坡。进口边坡复核计算时不考虑衬砌提供的抗力及节理裂隙的影响，也不考虑冻胀力的影响。当岩石容重$\gamma=25.48\text{kN/m}^3$，内摩擦角$\varphi=30°$，凝聚力$c=40\text{kPa}$，最小安全系数$K_{\min}=1.991$；当岩石容重$\gamma=25.48\text{kN/m}^3$，内摩擦角$\varphi=27°$，凝聚力$c=20\text{kPa}$，最小安全系数$K_{\min}=1.208$。综合分析，第一种情况与进口边坡岩石的实际情况接近，因此进口1∶1的边坡是稳定的。

出口边坡各种强度指标下的稳定安全系数见表14.5-3，初步分析第①组指标与实际情况接近，出口边坡是稳定的。

表14.5-3　出口边坡稳定计算成果表

计算组号	粉细砂强度指标		黏土岩强度指标		$K_{\min}$
	φ/(°)	c/kPa	φ/(°)	c/kPa	
①	21	3	26	35	1.597
②	21	2	26	25	1.325
③	21	1	26	25	1.277

明渠两侧边坡计算中考虑全为粉细砂的情况，不考虑不利的裂隙构造，不考虑衬砌提供的抗力影响，不考虑冻涨力的影响。浸润线按最高运用水位降至渠底时的最不利情况。其计算结果见表14.5-4。

表14.5-4　　明渠两侧边坡稳定计算结果表

计算组号	湿容重 γ /(kN/m³)	饱和容重 γ_m /(kN/m³)	φ/(°)	c/kPa	K_{min}
①	19.384	20.503	25	12	1.007
②	19.384	20.503	30	10	1.07
③	19.384	20.503	33	8	1.075
④	19.384	20.503	27	5	0.788

尽管计算中忽略了许多客观存在的影响因素，如不利节理裂隙面、冻胀力等，但也同时忽略了有利于稳定的衬砌抗力等，以上结果均表明，边坡稳定性差。

(3) 水力计算分析。设计水位闸门全开时，泄流量 Q=46.1m³/s，出口0+031处水深最大为 h=2.377m，流速 V=7.869m/s，掺气水深 h_a=2.466m。此时，掺气后净空面积占隧洞断面总面积的10%。该运用条件下，自出口以上约20m范围内净空面积不满足规范要求的15%以上，并可能出现危险的明满流交替状态。

当隧洞按设计流量为 Q=27m³/s运行时，闸门开度为1.46m。此时隧洞内最大水深为出口0+031处，h=1.958m。

当隧洞按设计流量泄流时，明渠流态为缓流，明渠出口断面水深最大 h=3.478m，流速 V=1.298m/s。该水深超过了明渠边坡衬砌的高度，不利于明渠边坡的稳定。

(4) 评价。温泉水库输水洞是正常运用情况下唯一的泄流建筑物，设计流量为 Q=27m³/s，兼有防洪、发电等多重功能，因此其运行的安全性十分重要。

由以上计算分析可以得出以下结论：进水塔的稳定性、内力、地基应力均基本满足要求。洞身段的稳定性和内力也满足要求，进出口边坡基本处于稳定状态。而明渠边坡稳定性差，难以满足使用要求。运行期多次滑塌的原因，既有边坡过陡因素，也有冻胀因素。

据此建议：温泉水库应增建或改建泄洪建筑物，以弥补现在泄洪能力的不足；重新检查进水塔和隧洞等关键部位存在的裂缝及其他缺陷，分析产生的原因，并尽早采取处理措施；对出口明渠进行整治，应采取防冻措施和采用有利于稳定的结构型式，使边坡在各种运行工况下均处于稳定状态。

15 温泉水库大坝运行情况分析

15.1 大坝的管理和运行

(1) 水库管理。水库管理单位为青海省格尔木河水电综合开发公司温泉水库管理所，于1996年8月成立，负责温泉水库的日常管理和运行。

管理所设有所长、副所长、技术负责人、水库运行员、机械修理、司助、电台值班、保卫等人员和岗位，并制定有各岗位责任制度。

水库运行管理遵照国家有关法律、法规执行。同时结合格尔木河的综合开发，执行地方调度。

(2) 水库运行机构和主要工作内容。水库防洪机构由格尔木水电有限责任公司、格尔木河水电综合开发公司、格尔木河开发项目承建单位成立统一的防汛指挥部，指挥部成员由各单位有关领导担任。指挥部下设防汛办公室，办公室成员由各单位有关部门的人员担任，办公室设在温泉水库管理所，防汛值班室设在格尔木水电有限责任公司中心调度室。防汛工作有明确的工作内容、职责和岗位，主要工作内容包括确定合理的防洪限制水位，各项观测、检查、联络及维护等。由于水库地处偏远，与防汛部门的通信联络非常重要，目前水库配有电台和数传作为联络手段。

(3) 运行中的主要问题。1993年8月下闸蓄水后，至2000年水库运行中的最高水位为3955.77m，相应蓄水量为1.52亿m^3，低于溢流堰顶高0.63m，该水位运行时间为1998年10月15日。在运行过程中，主要出现以下问题：

1) 大坝裂缝。水库在运行期下游坝坡面在3953～3954m附近出现纵向裂缝，基本贯通大坝。其中桩号0+400～0+450段在1994年施工期就已经出现，在1995年该段灌注了水泥砂浆，但效果不太明显。整条裂缝无明显的发展趋势。

2) 大坝下游渗水。1995年9月27日当水库水位至3953.00m时发现坝脚下游25～100m范围原河道及靠坝侧发现黄豆大的泉眼渗水百余处，另外在左坝下游有1000m^2的渗水湿润区，右坝下游有400m^2的渗水带，渗水量为0.1L/s，并有少量的泉眼。针对以上渗水情况作了下列处理工作。

①1995年下半年青海省水电设计院地勘队绘制了大坝下游潜水位图。

②1997年将下游压震平台增补至高程3950.00m，以防渗水对坝体稳定造成不利影响。

③1997年在下游修筑了一条排洪渠，将下游二道沟地表来水引入下游河道，以防二道沟洪水对坝脚造成冲刷。

④1998年和2000年在下游渗水区分段开挖了一纵向排水沟，以降低坝体与下游水位。

通过采取以上处理措施，下游水位明显降低，原来渗水湿润区目前已干燥。但下游主河道内仍然有泉眼出露，但数量较以前有所减少，其原因与库水位降低可能有一定关系。

⑤输水洞左岸边坡多次出现坍塌。

15.2 水库的应急措施

(1) 设置地震观测站。1997 年为了监测西藏大沟—秀沟断层，为大坝紧急避险和稳定分析提供可靠的数据资料，在大坝下游 500m 处修建了温泉水库大坝动态观测站来监测该断层的活动情况。

(2) 破坏性地震应急预案。结合格尔木河的开发情况青海省格尔木河水电综合开发公司与青海省格尔木水电有限责任公司共同制定了对付破坏性地震的应急预案。

15.3 大坝的维修

(1) 针对大坝下游渗水做如下加固维修。

1) 增补下游压震平台。原设计下游压震平台顶高程 3948.00m，在 1997 年将下游压震平台增补至高程 3950.00m，范围为大坝下游 0＋470～0＋730。

2) 下游排洪渠。1997 年建排洪渠一条，直接将二道沟地表来水引入下游主河道。

3) 下游排水沟。在 1998 年和 2000 年分段在距坝脚 30m 处开挖了一条纵向排水沟，范围在 0＋120～0＋800 段。

(2) 针对输水洞明渠左岸冻胀，衬砌塌陷作了下列处理：

1) 在 1997 年对输水洞左岸进行了卸载处理。

2) 输水洞明渠左渠岸衬砌改为混凝土衬砌。

3) 输水洞出口消力段混凝土边墙发生较大变形，2000 年该段渠顶部设 7 根混凝土梁，以防位移进一步发展。并在左边墙背部开挖回填碎石以利于排水，防止由于冰冻对边墙造成不利影响。

(3) 针对输水洞进口浆砌石护坡损坏严重作了下列处理。在 2000 年在正常高水位范围内将原浆砌石护坡改为现在的混凝土护坡。

(4) 观测设备维修。

1) 坝体水位观测孔。为了直观地观测到坝体水位，1995 年在大坝桩号 0＋675 处增加一坝体水位观测孔。

2) 坝后量水堰。1999 年在坝后渗水集中处采用三角堰量水，提高了测量的准确度。

除以上各维修项目外，还对观测房和道路等辅助设施进行了必要的维修。

15.4 大坝安全监测

(1) 监测手段和内容。检测手段包括巡视检查和仪器检测。人工巡查内容包括气温，水库水位、渗流量、冻土及冰层厚度等。仪器检测包括坝体渗压水头、坝体温度、坝体垂直沉降、大坝动态观测。

(2) 监测仪器布置。

1) 坝体渗压水头观测布置在 0＋675 断面不同高程、位置共 6 只孔隙水压传感器。

2）坝体温度观测布置在0＋675上游坡面不同高程共6只温度传感器。

3）坝体沉降仪布置在0＋620和0＋675两断面。

4）大坝动态观测设在下游距大坝500m的动态观测站。

（3）监测资料初步分析。

1）变形。

①大坝垂直沉降。通过几年的沉降观测表明大坝竣工后坝体的平均沉降为0.91％，坝体已趋于稳定。

②裂缝。大坝下游坡面的纵向裂缝近几年发展不明显，个别部位的裂缝时显时没。整体上没有发现大的异常发展。

③坝体水平防渗体（复合土工膜）工作状态。经过近几年坝体的温度观测，水下复合土工膜的工作温度为5.2℃以上。水上复合土工膜的工作温度为1.4℃以上。工作温度比较适合。

2）坝后渗流量。从1994年以来渗流量观测资料看，总体上坝后渗流量有随水库水位升降而增减的趋势，历年所收集到实测量最大为8.23L/s，既为水库最高水位时的观测值。在水库同水位情况下渗流量在1998年以后有减小的趋势。

3）坝体浸润线。通过观测资料分析发现大坝坝体渗压水头、浸润线高、坝体水位与水库水位有下列关系。

①三者随水库水位升高而升高。

②三者间随库水位升降变化平稳，无较大的跳跃变化。

③随着时间的推移三者在同一库水位下有下降的趋势。

4）西藏大沟—秀沟断层的活动

经过对温泉水库大坝动态观测所收集到1997年10月2日至1999年12月10日的资料分析，共有26次小型错动事件，累计错动量为180μm，总体结果断层以左旋走滑为主。垂直沉降仪未收集到断层的垂直向错动变化。

15.5 存在的主要问题

（1）缺乏洪水应急预案，目前温泉水库还没有制定洪水应急预案，有待补做。

（2）目前电台传话效果受气象条件干扰大。数传由于温泉水库正常用电没有保障，设备只能设在格尔木基地，无法及时传输信息。

（3）坝后渗水原因及危害应系统分析。

（4）水库抢险能力不足。

（5）正常生活、管理用电难以保障。

（6）缺乏可靠的地震预报和水文测报系统。

（7）水库泄洪能力小。

（8）其他管理制度等。

15.6 运行管理综合评价

（1）大坝运行制度。目前仍无合理的调度规程，有待于制定完善。无法进行水文测报。通信设施有待于更新，无地震测报台网。运行规章、制度也有待完善。

（2）大坝运行状态。由于水库运行仍未达到设计标准，各建筑物正逐步加固维修，目前大坝基本上处于完整的可运行状态。

（3）大坝安全监测。缺乏水平位移监测仪器，部分已有仪器已损坏，总体监测条件与规范要求具有一定差距。就目前资料看大坝变形（沉降）、浸润线、坝后渗流总体上处于稳定状态。

总之，温泉水库大坝管理运行状况与规范要求标准尚有一定差距，不足部分有待于健全和完善。

16 温泉水库结论和建议

16.1 综合分析评价与结论

（1）工程布置与建筑物。温泉水库工程结构设计是基本合理的。相对于土料和混凝土面板，复合土工膜承受变形的能力较大，复合土工膜斜墙便于抢修，因此采用复合土工膜斜墙砂砾石坝坝型有利于抗震。坝体和混凝土建筑物浇筑质量基本良好。

由于溢洪道为无闸门控制的开敞式泄洪建筑物，当水库蓄水水位 3956.40m 以下运行时，只有泄水能力为 $27m^3/s$ 的输水洞可以泄水。一旦有发生地震前兆或工程出现其他紧急情况，水库的泄水能力是远远不够的，对工程的安全非常不利。

（2）防洪能力。洪水标准复核表明，温泉水库实际的防洪标准偏低。经复核的水库现状防洪能力只有 200 年一遇，不满足《防洪标准》（GB 50201—94）和《水利水电工程等级划分及洪水标准》（SL 252—2000）要求。同时，校核洪水的水库实际的防洪能力达不到水利部水规〔1989〕21 号文发布的《水利枢纽工程除险加固近期非常运用洪水标准的意见》规定的 1000 年一遇的防洪标准。按此规定，温泉水库大坝可划定为三类坝。

（3）工程质量。至目前为止，大坝尚未出现影响工程正常运行的重大质量问题。但由于坝基高压旋喷灌浆防渗墙存在质量缺陷、坝基上下游坝脚振冲加固处理未全部达到设计要求，坝基渗漏、坝肩绕渗都存在一定问题，坝基少黏性土和无黏性土仍存在地震液化的可能性。由于仅进行了上下游坝脚附近坝基的振冲加固，加剧了坝基的不均匀沉降幅度，在发生地震时坝体仍可能出现沉降裂缝。坝基渗漏经坝上游抛填黏土铺盖和下游坝脚外开挖排水沟处理后，坝后的沼泽化和涌沙现象大大减轻，已经存在的集中渗漏通道仍然存在，但实际的渗漏量并不会大幅度减少。在长期的渗流作用下，下游坝脚外坝基排水沟以下的渗漏通道和右岸未进行处理的断层带内渗漏通道，仍有发生渗透破坏的可能性。输水洞下游明渠边坡稳定存在一定问题。

右坝肩正在活动的活断层的存在是对工程安全的最大威胁和最大的隐患之一，地震时一旦断层发生水平错动和断裂，很可能造成垮坝的严重事故。

根据枢纽各建筑物目前的现状分析，认为定为二类坝较为合适。

（4）运行管理。12kW 和雅马哈发电机各一台作为备用电源，功率偏小。交通道路坎坷难行，不利于工程管理和抢险。通信设施仅有电台通信不能确保畅通率。大坝安全监测设备已有部分损坏（包括地震监测）。这些问题与大坝的安全运行密切相关，应引起足够的重视。

综合考虑上述各种因素，同时考虑到水库位于 8 度地震区，且有目前仍在活动的活动断裂穿过右坝肩，地基属于危险地段等因素，温泉水库大坝划定为三类坝较为合适。

（5）结论。综合考虑上述因素，特别是洪水偏低和地震情况下的泄水能力偏小，认为温泉水库大坝定为三类坝较为合适。

16.2 建议

（1）提高防洪设计标准问题。原设计的水库防洪标准，采用 100 年一遇洪水设计、2000 年一遇洪水校核，是大（2）型水库防洪标准的下限。考虑到，温泉水库下游的格尔木市是青海省第二大城市，也是青海省西部大开发的重点地区。下游还存在有输油管道、109 国道和通信光缆，以及大干沟、小干沟和乃吉里三座梯级水电站等重要设施。建议在论证工程重要性和进行溃坝分析论证、论证溃坝造成损失大小的前提下，研究将原设计洪水标准提高至大（2）型水库上限的可行性。

（2）增建、改建泄水建筑物问题。由于本工程实际的防洪能力偏低，经计算坝顶高程不满足要求。若降低讯限水位对工程经济效益影响较大。同时，由于水库蓄水水位 3956.40m 以下运行时，只有泄水能力为 $27m^3/s$ 的输水洞可以泄水，若放空水库需几个月以上。当有发生地震前兆或工程出现其他紧急情况时，不能确保工程安全。因此，建议研究增建泄水建筑物的必要性。

（3）溃坝分析问题。溃坝分析是定量确定水库失事造成的经济损失和评价工程重要性的重要依据，也是确定除险工程量的重要参考依据。初步估算溃坝口门 200～300m，溃坝流量可达 $14000 \sim 21000m^3/s$。温泉水库下游有格尔木市和输油管道、109 国道和通信光缆，以及大干沟、小干沟和乃吉里三座梯级水电站等重要设施，且水库大坝位于 8 度地震区，有活动断裂从右坝肩穿过，活动断裂错动有可能对大坝等造成灾难性的危害，坝体一旦溃决后果不堪设想。建议在工程加固前进行溃坝分析。

（4）补充调查和勘察问题。目前，对于坝下渗漏、坝体裂缝、高压旋喷灌浆防渗墙墙质量等问题还仅处于初步认识阶段，这些问题的成因以及以后的发展对工程安全的影响，仍需要进行深入的研究。建议进行补充调查、勘察和进一步研究，以便提出符合实际的加固方案和措施。溢洪道改线时，未进行必要的地质勘察，右坝肩及活动断裂未进行必要的处理，对此部位，也应适当补充勘察。

（5）右岸坝肩活断层监测问题。目前对于断裂带错动这类地震破坏，尚没有成熟有效的工程处理措施。因此，建议加强连续的地震监测，当蠕动加速度有明显增加时，结合地震预报情况，尽快将水库放空，以免发生泄水建筑物不能应用而导致垮坝的恶性事故。

（6）工程加固问题。考虑到工程存在一定的质量问题和工程位置的重要性，建议在对工程质量进一步调查、勘察和研究的基础上，抓紧安排加固设计，并尽早实施。工程管理设施存在的一系列问题也应随工程加固一起解决。以便确保工程安全运行，发挥应有的经济效益和社会效益。

17 陆浑水库工程概况

17.1 地质条件

陆浑水库水库总库容13.2亿m^3，是一座综合利用的大（1）型水利枢纽工程。坝址位于嵩县盆地出口，河床宽约320m，平均高程278.00m，河床覆盖砂卵石层厚12m，两岸岸坡陡峻，两岸地面高程340.00～370.00m，地层主要为震旦纪火山岩系的安山岩、玄武岩和轻微变质的灰岩及页岩，以及白垩纪侵入的岩脉，第三纪砂砾岩等。

17.2 主要建筑物

陆浑水库是以防洪为主，结合灌溉、发电、水产养殖和城市供水等综合利用的水利枢纽工程。最大坝高55m，主要建筑物有大坝、溢洪道、泄洪洞、输水洞、灌溉发电洞等。各建筑物特征见表17.2-1。

表17.2-1　枢纽工程特征汇总表

大坝	坝型		黏土斜墙砂砾石坝
	坝基防渗形式		黏土截渗槽截渗
	坝顶高程/m		333.00
	最大坝高/m		55.0
	大坝顶长度/m		710.0
	大坝顶宽度/m		8.0
	坝坡	上游坡	1∶3.5～1∶3.25
		下游坡	1∶2.75～1∶2.25
溢洪道	结构形式		开敞式宽顶堰
	堰顶高度/m		313.0
	堰顶宽度/m		12×3（孔）=36.0
	消能形式		挑流鼻坎
	最大泄量/(m^3/s)		3810
	闸门型式及尺寸/(m×m)		弧形门3—12×11
	启闭设备		电动卷扬机3台750kN
泄洪洞	结构形式		城门洞型明流无压洞
	断面尺寸/m		8×10，洞拱高1.2
	进口—出口高程/m		289.715～282.35

续表

项目			参数	
泄洪洞	洞身长度/m，坡度/%		518.6，1.5	
泄洪洞	消能形式		挑流鼻坎	
泄洪洞	最大泄量/(m^3/s)		1200	
泄洪洞	闸门形式/(m×m)		平板式、工作门 2—5.6×7.4，检修门 2—6×7.4	
泄洪洞	启闭设备		电动卷扬机	工作门 2—2×1500kN
泄洪洞	启闭设备		电动卷扬机	检修门 2—2×500kN
输水洞	洞型及洞径/m		圆形压力洞，洞径 ϕ3.5	
输水洞	进口—出口高程/m		279.25～278.25	
输水洞	洞身长度/m，坡度		335，1/300	
输水洞	最大泄量/(m^3/s)		200	
输水洞	闸门形式	进口/(m×m)	平板门 1—4.1×3.8	
输水洞	闸门形式	出口/(m×m)	弧形门 1—3.5×3.0	
输水洞	启闭设备	进口/kN	电动卷扬机 1—550	
输水洞	启闭设备	出口/kN	电动卷扬机 1—500	
灌溉发电洞	洞型及洞径/m		圆形压力洞，洞径 ϕ5.7	
灌溉发电洞	进口—出口—渠底高程/m		291.00～288.00～292.50	
灌溉发电洞	洞身长度/m，坡度/%		341.0，坡度 1.4	
灌溉发电洞	最大泄量		420m^3/s	
灌溉发电洞	闸门形式	进口/(m×m)	平板门 1—5.4×5.8	
灌溉发电洞	闸门形式	出口/(m×m)	平板门 2—3.3×6.1	
灌溉发电洞	启闭设备	进口/kN	电动卷扬机 1—1250	
灌溉发电洞	启闭设备	出口/kN	电动卷扬机 2—630	

工程于 1959 年 12 月动工兴建，1965 年 8 月竣工。1970～1974 年增建灌溉发电洞，1976～1978 年坝顶垂直加高 3m，1986～1988 年对左坝肩（下称西坝头）和滤水坝趾（贴坡排水）等进行了一期加固处理。

陆浑水库地震基本烈度为 6 度，1 级建筑物设计烈度为 7 度。

17.3 施工及运行情况

水库 1974 年水库开始蓄水运行。遵照河南省水利厅批文，逐步抬高汛限水位和汛末兴利水位。

1988 年以前，省批汛限水位在 312m 以下，汛末不位在 314m 以下，实际运行 314m 达 116 天；1989～1999 年省批汛限水位 314.00～315.50m，汛末水位 316.00～317.50m，实际运行水位 316.00m 以上 130 天，水位 318m 以上 69 天；2000 年，实际运行水位 318.00m 以上 70 天。最高库水位 318.84m，发生在 2000 年；最大洪峰流量 5640m^3/s，最大泄水流量 1170m^3/s 发生在 1975 年。

在 35 年的运行中，防汛工作准备充分，年年安全度汛，经过一系列的维修、改造和加固处理。运行中各建筑物未发现重大异常问题，工程的总体运行情况是正常的。

18 陆浑水库大坝防洪能力复核

18.1 设计洪水复核

(1) 水文基本资料。与陆浑水库设计洪水复核有关的黄河中游的主要测站有黄河干流的三门峡、花园口，伊洛河的东湾、嵩县、陆浑、龙门镇、长水、宜阳、白马寺、黑石关等，均为黄河一等水文站。

(2) 历史洪水和调查洪水。黄河中游和伊洛河的洪水调查工作是20世纪五六十年代进行的。伊河调查洪水洪峰流量见表18.1-1。

表18.1-1 伊河调查洪水洪峰流量表

调查地点	洪水发生日期/(年.月.日)	洪峰流量/(m^3/s)	可靠程度
嵩县	1943.8.11	5300	可靠
	1935.7.6	3400	较可靠
龙门镇	223.8.8	20000	供参考
	1931.8.12	10400	较可靠

(3) 暴雨、洪水特性。

1) 暴雨特性。

该流域年雨量为600～800mm，其中7～8月降水量占全年的50%以上。本区的暴雨在6～9月均可能发生，但以7～8月出现次数为最多，较大暴雨大部分集中在7月中旬至8月中旬。降雨历时较短，据实测资料统计，一般为1～3天，超过3天的次数很少，同时两次暴雨的间隔时间不长，具有连续性。

2) 洪水特性。伊洛河流域洪水是黄河“下大洪水”的重要组成部分，具有洪峰高，洪量大，历时短，陡涨陡落特性。

(4) 设计洪水频率。陆浑水库设计洪水峰、量系列的计算参数，适线确定的参数及不同频率的设计洪峰、洪量值见表18.1-2。

1984年《伊河陆浑水库保坝洪水补充分析报告》中曾采用历史洪水加成、地区综合、频率分析和水文气象法四种方法分析陆浑水库的设计洪水，成果见表18.1-3。

(5) 设计洪水过程。本次复核在选取典型洪水时，采用了伊河和三花间来水都较大的1954年、1958年、1982年三个典型年，和伊河来水较大的1975年典型共四个典型年。各典型洪水在陆浑断面的峰、量值见表18.1-4。

表 18.1-2　陆浑水库设计洪峰、洪量表

项　　目	资料系列 n	统计参数			频率为 P/%的设计值			
		均值	C_v	C_s/C_v	0.01	0.1	1	5
洪峰流量/(m^3/s)	48	1346	1.14	2.5	16800	12100	7470	4430
1天洪量/亿 m^3	48	0.62	1.12	2.5	7.52	5.42	3.38	2.02
3天洪量/亿 m^3	48	1.20	1.08	2.5	13.8	10.0	6.3	3.81
5天洪量/亿 m^3	48	1.50	1.06	2.5	16.8	12.21	7.72	4.7
12天洪量/亿 m^3	48	2.14	0.92	2.5	19.6	14.54	9.53	6.1

表 18.1-3　1984年各种方法计算的陆浑水库可能最大洪水成果表

推 求 方 法	Q_m /(m^3/s)	W_1 /亿 m^3	W_3 /亿 m^3	W_5 /亿 m^3	W_{12} /亿 m^3
历史洪水加成（223年加成25%）	16400	7.93	14.60	17.10	20.90
地区综合	17000				
频率分析（10000年一遇）	17100	7.95	14.56	18.02	21.07
水文气象法（移置淮河758）	14600	8.51	14.51	15.70	
采用	17000	8.00	14.60	18.00	21.10

表 18.1-4　陆浑水库典型洪水峰、量统计

项目 \ 典型年	1954	1958	1975	1982
洪峰流量/(m^3/s)	3970	2920	5430	5370
1天洪量/亿 m^3	1.81	1.37	3.06	1.80
3天洪量/亿 m^3	2.34	3.50	5.10	3.78
5天洪量/亿 m^3	2.97	4.43	6.30	4.59
12天洪量/亿 m^3	5.0	5.54		5.60

18.2 防洪能力复核

(1) 防洪标准复核。

按《防洪标准》（GB 50201—94）和《水利水电工程等级划分及洪水标准》（SL 252—2000）有关规定，确定陆浑水库校核洪水的标准为可能最大洪水（PMF）或重现期为10000～5000年洪水。为安全起见，本次复核判定陆浑水库的洪水标准为万年一遇洪水校核、千年一遇洪水设计。

(2) 设计、校核洪水位复核。

1) 库容曲线。陆浑水库自建库以来，分别在1960年、1978年和1992年测过3次库容，自建库到1992年共淤积0.74亿 m^3，淤积量不大，汛限水位317m以上防洪库容基本上没有变化。因此，本次复核采用1992年库容变化，见表18.2-1。

表 18.2-1　　陆浑水库 1992 年库容变化表

水位/m	317.00	319.50	320.00	323.00	324.00	326.00	328.00	330.00	331.00	332.00	333.00	334.00
防洪库容/亿 m^3	0	0.95	1.14	2.48	2.93	3.86	4.83	5.79	6.34	6.89	7.44	7.99

2）泄流曲线。经复核陆浑水库各泄洪建筑物的泄流能力见表 18.2-2。

表 18.2-2　　陆浑水库泄水建筑物泄流能力

水位/m	泄量/(m^3/s)						
	溢洪道	泄洪洞	输水洞	灌溉发电洞		合计	
				实有	百年下泄	实有	百年下泄
298.00		270	122	80	77	472	469
300.00		354	127	113	77	594	558
305.00		578	141	184	77	903	796
310.00		736	153	240	77	1129	966
312.00		793	157	260	77	1210	1027
313.00		818	160	270	77	1248	1055
314.00	52	844	162	280	77	1338	1135
316.00	230	893	168	298	77	1589	1368
318.00	534	941	172	316	77	1963	1724
320.00	918	982	177	333	77	2410	2154
322.00	1360	1023	181	350	77	2914	2641
324.00	1950	1062	185	366	77	3563	3274
325.00	2230	1134	187	375	375	3926	3926
326.00	2530	1130	184	382	382	4231	4231
328.00	3200	1060	194	398	398	4852	4852
330.00	3540	1130	199	412	412	5281	5281
332.00	3840	1200	200	420	420	5660	5660
333.00	3960	1230	202	428	428	5820	5820
334.00	4090	1270	205	435	435	6000	6000

3）陆浑水库运用方式。当入库流量小于 1000m^3/s 时，水库按入库流量下泄，保持库水位不变；当入库流量大于 1000m^3/s 时，水库控制下泄流量为 1000m^3/s；当库水位达到 20 年一遇洪水位，且黄河下游防洪不需要陆浑水库关门时，则灌溉洞控泄 77m^3/s 发电流量，其余泄水建筑物全部敞泄排洪；如水位继续上涨，达到 100 年一遇洪水位时，灌溉洞全部打开参加泄洪。

根据黄河下游洪水情况，预报花园口出现 12000m^3/s 流量（有效预见期 8h），并有上涨趋势时，陆浑水库参加下游防洪联合运用，即陆浑水库关门停泄，当库水位达到蓄洪限制水位 323.00m 后，水库打开全部闸门泄洪。

4）陆浑水库调洪计算结果。根据水库联合防洪运用方式，对陆浑、故县、三门峡、小浪底 4 个水库联合运用，对不同典型、不同频率的洪水进行调洪计算，计算结果见表 18.2-3。20 年一遇洪水以 1954 年典型陆浑水库蓄水位最高为 321.16m，100 年、1000 年、10000 年一遇洪水以 1958 年典型库水位最高，分别为 324.39m、327.38m、331.01m。

表 18.2-3　　陆浑水库调洪计算结果表

典型年	项　　目	洪水频率 P/%			
		0.01	0.1	1	5
1954	最高水位/m	329.90	326.32	323.42	321.16
	最大蓄量/亿 m^3	11.42	9.7	8.35	7.34
1958	最高水位/m	331.01	327.38	324.39	320.34
	最大蓄量/亿 m^3	12.03	10.21	8.79	6.97
1975	最高水位/m	330.88	326.87	323.45	320.50
	最大蓄量/亿 m^3	11.95	9.96	8.36	7.04
1982	最高水位/m	331.01	327.08	323.89	321.01
	最大蓄量/亿 m^3	12.03	10.06	8.56	7.27

18.3　结论和建议

通过对陆浑水库设计洪水及水库抗洪能力的复核，可以得出如下结论：

(1) 防洪标准应采用 1000 年一遇洪水设计、10000 年一遇洪水校核。

(2) 复核水库设计洪水位为 327.38m，校核洪水位为 331.01m，均低于水库保坝设计时的计算成果，校核洪水位比目前的 10000 年一遇洪水位水位低 0.79m，水库目前的抗洪能力达 10000 年一遇以上。

(3) 为安全起见水库的设计洪水位和校核洪水位仍采用保坝洪水成果。

按《大坝安全评价导则》(SL 258—2000) 大坝防洪安全性分级标准，大坝防洪安全性为 A 级。

19 陆浑水库大坝工程质量评价

19.1 设计和施工情况综述

陆浑水库最初的开发目标为以灌溉为主，枢纽主要建筑物为大坝、输水洞和溢洪道，黄河水利委员会（规划设计大队）于1959年12月完成工程初步设计，当月开工，同时黄河水利委员会托陕西工业大学进行技术设计，河南省水利厅第一水利总队施工。1961年10月根据水利电力部指示，黄河水利委员会对水库运用重新规划并承担全部设计工作，由陆浑水库工程局（三门峡工程局）施工；根据修改后的水库规划，水库运用方式改为以防洪为主，增加一条泄洪洞。1965年8月工程竣工，并进行了竣工验收。

1970年水库的开发目标改为以防洪为主，结合灌溉和发电，由黄河水利委员会设计，又增了灌溉发电洞和水电站等。

1975年8月淮河大水（下称75.8洪水）后，坝顶采用“戴帽”加高的方式，分别于1976年、1978年加高两次，共加高3m。

1986年开始的第一期除险加固工程，由河南省水利厅第二水利总队施工，完成了西坝头加固处理、大坝滤水坝趾加高培厚和泄洪洞塔架加高等工程，于1988年7月全部竣工。

19.2 黏土斜墙砂砾石坝工程质量评价

（1）坝基和岸坡处理工程质量评价。坝基采用黏土截水槽防渗，截水槽设计底宽8m，实际开挖最小宽度仅6.5m；基础面处理对断层、泉眼处理缺乏经验，处理效果较差；截水槽黏土回填质量，除泉眼处理范围较差外，其余干容重合格率满足现行规范要求；截水槽反滤干容重满足设计要求。由于接触面处理、泉眼处理部位黏土回填问题较多，给截水槽的渗透稳定留下重大质量隐患，综合评价截水槽质量为不合格。

岸坡开挖总体上符合现行规范要求，对比较破碎岩面仅虽然采用了小黏土结合槽处理，仍是产生渗透破坏的薄弱部位。岸坡开挖与处理评价为合格。

（2）坝体填筑工程质量评价。总体上讲，大坝填筑质量上部好于下部，坝体各区填筑质量检查合格率都达到了优良标准。

做好反滤是保证大坝安全的最重要保证，高程305.00m以上取消了斜墙厚反滤，由于斜墙各断面变化较大且无规律，产生不均匀沉降的可能性大，无可靠的反滤保护可能是隐患。

两坝头岸坡附近及下游采取排水暗管、贴坡排水和排水洞等措施，质量基本符合要求，对保证坝肩渗透稳定，会起到重要作用。

另外，由于人工施工、上游围堰过水、抢拦洪临时断面、岗土代替料和架子车上坝等因素，必然导致大坝接坡过多、填筑质量不均匀，影响大坝填筑整体质量。

综上所述，大坝填筑总体质量评价为合格。

（3）特大洪水保坝坝顶加高工程质量评价。第一次加高工程，混凝土预制块抗压强度标准值平均值仅4.6～5.1MPa，不满足设计要求；黏土填筑含水量控制不严、接坡较多，且缺乏质检指标，无法定量评价，但据有关人员回忆，总体质量不合格。

第二次加高现浇混凝土部分试件抗压强度标准值为9.3～19.1MPa，满足设计150号混凝土要求，但明显混凝土质量不均匀。由于现存资料较少无法评价其整体质量。

就现有资料分析，加高工程总体质量较差。由于第二次加高工程质量好于第一次，且满足设计要求，特别是第二次防浪墙现浇混凝土直接与原钢筋混凝土防浪墙相连接，将质量较差的混凝土预制块包裹在内部，因此，加高工程质量问题，尚不致影响工程安全。

保坝坝顶加高质量总体评价为合格。

（4）一期除险加固工程质量评价。一期除险加固工程主要包括西（左）坝头加固处理和大坝滤水坝趾工程，加固处理各区砂砾石、黏土和反滤料等的干容重或级配合格率符合现行规范要求，填筑质量良好。

（5）大坝运行质量评价。

1）坝体变形评价。大坝从1965年8月大坝建成到1997年，累计最大沉降值105.2mm，仅为坝高的2%。总的来说，大坝的变形是轻微的，且沉降已渐趋稳定。

2）坝体渗透稳定评价。长期观测表明，在运行的各级水位（最高约318.84m）下，坝轴线下游地下水位一直处于地表以下，渗透坡降小于0.008。说明在现有条件下，大坝渗流状态是正常的。

左坝头在1996年11月最高运行水位318.57m时，与一期除险加固处理设计的10000年校核水位331.80m时的出逸点高程308.00～309.00m已相当。按观测资料推算，10000年校核水位331.80m时的出逸点将达高程202.00m以上。高水位下渗透问题尚需进一步研究。

（6）黏土斜墙砂砾石坝工程综合质量评价。截水槽存在重大质量隐患，质量评价为不合格。

岸坡开挖总体上符合现行规范要求，但对比较破碎岩面采用的处理方法不完善。坝基和岸坡处理综合评定为合格。

大坝各区填筑干容重检查合格率都达到了优良标准。但大坝接坡过多、填筑质量不均匀，影响大坝填筑整体质量。大坝填筑质量总体评定为合格。

保坝坝顶加高质量总体评价为合格，一期除险加固工程填筑质量良好。

大坝经接近设计兴利水位（319.50m）的考验，目前变形是正常的，沉降已渐趋稳定，大坝渗流状态正常，西坝头渗流异常。

高水位下大坝和西坝头渗透问题尚需进一步研究，黏土斜墙砂砾石坝整体质量综合评价为合格。

20 陆浑水库泄水、输水建筑物工程质量评价

20.1 溢洪道工程质量评价

溢洪道位于大坝东岸约500m，由进口控制闸段、泄水渠段和出口挑流消能段组成，全长435m，质量评价主要有下列几个方面。

（1）混凝土衬砌范围内的基岩无欠挖，衬砌范围外土石开挖边坡基本符合设计要求，开挖质量良好。

（2）闸基、挑流鼻坎基础，特别是闸基穿越F46大断层，未进行基础固结灌浆处理，不符合现行规范要求，可能是闸基后期产生大量裂缝的主要原因。

（3）在基础防渗排水系统方面，防渗系统较差，排水效果良好。

（4）混凝土工程原材料能满足设计和现行规范要求。

（5）混凝土浇筑质量总体上满足设计要求，但混凝土浇筑质量不均匀；混凝土还在表面质量缺陷。

（6）闸墩位移与库水位有关，水位超过313.00m时，闸墩上抬明显；闸墩裂缝宽度与温度有关，尽管采取了一定处理措施，但不能阻止裂缝的发展。作为陆浑水库应急加固工程的建设内容之一，闸墩裂缝处理正在实施中。

20.2 泄洪洞工程质量评价

泄洪洞建筑物总长589m，包括进口明渠、进水塔、渐变段、洞身及出口消能段等五段，质量评价主要有下列几个方面。

（1）开挖断面符合设计要求，岩石开挖基本无欠挖现象，开挖总体质量良好。

（2）混凝土取样密度、设计强度保证率除拱顶为72%外，其他均符合该规范大于80%的要求；按离差系数评价混凝土质量等级，总体上一般。

（3）进水塔灌浆工程施工符合设计要求，但无检查资料，无法对其质量进行定量评价。

（4）泄洪洞回填（固结）灌浆，检查孔检查时间、检查孔数量、灌浆孔合格率规定。接缝灌浆9段检查孔均不进水，说明灌浆质量良好。

（5）塔架产生了不均匀沉降，最大沉降位移7.6mm，最大倾斜距离3.9 mm，总体上讲，塔架位移值不大。

（6）泄洪洞洞身裂缝达1600多条，现在正在进行泄洪洞裂缝处理。

20.3 输水洞工程质量评价

输永洞位于东坝头，与大坝桩号0＋929.24相交，交角65°58′，洞身全长320.7m。

输水洞建筑物包括进口塔架、有压隧洞、发电站引水岔管、出口消力池和尾水渠。工程质量评价主要有下列几个方面。

(1) 由于无施工质检资料，无法定量进行定量评价，只能根据工程运行期检查及处理资料，定性对输水洞进行分析。

(2) 从运行后的气蚀、磨蚀和裂缝等情况看，或者是混凝土的设计强度偏低，或者是混凝土浇筑质量不满足要求，且质量不均匀。

(3) 大量的灌浆孔未封孔，说明施工质量控制存在较大问题。

(4) 根据对洞内共155孔未封孔的灌浆孔进行压水试验检查，透水率大于2.5Lu的达40孔，最大61.4Lu，平均19.5Lu；灌后透水率均小于2.3Lu。说明原固结灌浆或未灌或质量较差。因下游洞口上部漏水，1985～1986年进行了水泥和化学灌浆处理，效果较好。

(5) 进水塔、出口右翼墙变形不大，位移时程曲线已趋缓，说明变形已趋稳定。出口左翼墙中下部变形较大，有失稳可能，应尽快处理，并加强观测。

20.4 灌溉发电洞工程质量评价

灌溉发电洞位于泄洪洞和输水洞之间，与泄洪洞大致平行，距泄洪洞轴线130m左右。灌溉发电洞为圆形有压洞，洞长315.69m。由于工程无质检资料，也未进行竣工验收，所以很难对该分项工程进行整体质量定量评价。从部分资料描述的工程质量问题，可以从下列几个方面看出。

(1) 施工过程中由于施工等因素的影响设计变更过多，留下的隐患也较多。

(2) 缺乏有效的施工质量控制措施，导致岩体破坏、塌方、超挖等质量事故，加之处理措施不严，将会严重影响工程质量。

(3) 未见闸基处理、洞身回填、固结灌浆资料，不能该部分质量进行评价。

20.5 泄水、输水建筑物工程综合评价

溢洪道开挖质量良好，但基础未进行加固处理，可能是闸基后期产生大量裂缝的主要原因。基础防渗系统较差，排水设施经检查效果良好，可以多少弥补防渗系统的问题。混凝土浇筑质量总体上满足设计要求，但浇筑质量不均匀，存在表面质量缺陷。水位超过313.00m时，闸墩上抬明显；闸墩裂缝宽度与温度有关，尽管采取了一定处理措施，但不能阻止裂缝的发展。

泄洪洞开挖总体质量良好。混凝土浇筑质量等级一般。进水塔灌浆工程施工符合设计要求。泄洪洞回填（固结）灌浆灌浆质量良好。塔架产生了不均匀沉降，但值不大，不均匀沉降主要受基岩岩性和构造影响，库水位的高低变化对变形发展有一定影响。

输水洞从运行后的气蚀、磨蚀和裂缝等情况看，混凝土强度偏低，且质量不均匀。大量的固结灌浆孔未封孔，施工质量控制问题多，且灌浆质量差。进水塔、出口右翼墙变形已趋稳定，出口左翼墙中下部变形较大。

灌溉发电洞施工过程中由于施工等因素的影响设计变更过多，缺乏有效的施工质量控制措施，未进行竣工验收。

20.6 大坝工程质量综合评价

综上所述，大坝及泄水、输水建筑物，在接近设计兴利水位 319.50m 时的 318.84m 水位下运行基本正常。工程总体质量评定为合格。

高水位下大坝截水槽、西坝头的渗透稳定问题需认真研究、及时进行彻底处理；对溢洪道闸墩、泄洪洞洞身处理的应急加固工程，应加强施工质量控制；应及时处理输水洞出口左翼墙；建议对输水洞、灌溉发电洞进行进一步检查，根据具体情况进行及时进行全面处理；以确保高水位下工程运行安全和发挥设计的效益。

21 陆浑水库大坝渗流安全评价

21.1 坝基渗流安全分析评价

(1) 观测资料分析。由 1975～1998 年间的库水位和管水位观测值时程曲线可知，陆浑坝基管水位有以下特征：

1) 管水位变幅较小、各断面多年的管水位变幅不同，管水位低于下游河床地面高程 278.00m。

2) 管水位与库水位直接相关，管水位变化稍滞后。

3) 测压管水位的变化趋势符合一定的线性规律。

4) 由于海漫水位、降水等因素，管水位在某些时段呈现倒坡现象。

(2) 反演分析。计算可知，上游水位通过天然铺盖损失 15%～20%，在截水槽处损失 70%～75%，而截水槽下游坝基的剩余水头不足上游水头的 5%。这与观测资料分析结果基本一致。

(3) 截水槽渗透稳定分析

1) 截水槽施工中存在的主要问题。截水槽基坑处理还存在下列问题。

①河槽中部（桩号 0＋640～0＋680）存在一条宽 40m 的 F5 顺河大断层处理不符合设计要求，靠下游有一约 $6m^3$ 的黏土体压实干密度只有 $1.40g/cm^3$。

②桩号 0＋880～0＋900 段泉眼处理，在土内留有 5 个木框，处理范围及附近回填土质量较差。

③截水槽底部基岩的裂隙贯通，且未进行固结灌浆，岩面处不符合设计要求。

2) 截水槽填土反滤设计的保土条件和排水条件。如果截水槽填土直接与坝基砂卵石、较粗反滤接触，不能满足保土条件，是不安全的，两层反滤混合情况稍好。

3) 截水槽填土的破坏比降。对于截水槽的填土干密度为 $1.40t/m^3$，同时又与卵砾石相接触，填土的破坏比降为 45～100.2，按安全系数为 5 计，填土的允许比降为 9～20，与反演计算中最高兴利水位 319.50m 时，截水槽可能出现 6.8 的平均比降相比较，有一定的安全储备量。

4) 截水槽土料接触冲刷抗渗强度。截水槽填土与基岩接触有四种类型：即黏土与岩石直接接触、水泥土与岩石接触（再填黏土）、岩石上浇筑砂浆后回填黏土、岩石上浇筑砂浆后回填水泥土（再填黏土）。

经试验，上游最高水位 331.80m、槽宽 6m 时，预测最大水力坡降最大值为 7.33～9.15；而各种情况下，试验所能承受的最小比降为 20.5。

5) 断层带渗透稳定分析评价。试验结果表明，在 F5 断层下盘影响带的试验中，试验最大水力比降达 29.8 时未发生破坏现象，断层上盘影响带的试验中，破坏比降为 42.9。

F5 断层破碎带中的水力坡降以截水槽附近最大，根据分析，库水位分别为 319.50m、327.50m 和 331.80m 时，相应水力坡降分别为 6.20、7.42、8.24。与断层破碎带的破坏坡降有一定安全裕度。

(4) 河床砂卵石抗渗强度分析评价。河床砂砾石管涌破坏时破坏比降为 0.67，取安全系数为 3，允许比降为 0.22。

在库水位达到 319.50m，假定截水槽失效的极端情况下，根据水科院的试验研究，坝址处的出逸坡降也仅为 0.11，再加有出口的反滤保护，坝基砂卵石层的渗流安全是完全有保证的。

(5) 坝基渗流量情况评价。坝基渗流量稳定，渗流量无随时间推移和库水升高而显著增大的趋势，表明坝基现状防渗性能良好。

(6) 坝基渗流安全综合评价。

1) 在观测资料方面，管水位观测值有变幅较小、变化较库水位稍滞后、变化趋势符合一定的线性规律、低于原河滩地面高程等特点。

2) 反演计算计算分析表明，上游水位通过天然铺盖损失 15%～20%，在截水槽处损失 70%～75%，而截水槽下游坝基的剩余水头不足上游水头的 5%。

3) 截水槽填土有反滤保护时渗透稳定基本是有保障的。但直接与坝基砂卵石、较粗反滤接触，不能满足保土条件，是不安全的，两层反滤混合情况稍好。

4) 坝基砂卵石层的出逸渗透坡降小于其允许坡降，渗流安全是有保证的。

5) 坝基渗流量较小，渗流状态正常。

21.2 坝体渗流安全分析评价

(1) 坝体防渗性能分析评价。坝体斜墙和截水槽填土以重粉质壤土为主，次为粉质黏土，属非分散性土，具有高抗冲蚀性。

斜墙上下游面的坝体砂砾石填料，颗粒组成以卵砾粒组为主；次为砂粒组，含量多于 30%；漂砾粒组和粉、黏粒组均很少。在砂砾石料与黏土斜墙接坡处 1m 范围内（水平距离），砂砾石料中大于 2mm 粒径的含量要求不超过 50%，并不允许有大于 200mm 粒径的卵石。

斜墙与坝体砂砾石、反滤的层间关系见表 21.2-1。

根据土石坝反滤保护设计原则，大坝反滤设计满足要求。

(2) 大坝水平防渗铺盖分析评价。经多年淤积，坝前形成了长月 5000m 以上，最厚处达 10m 多的天然淤积铺盖。颗粒分析结果表明，库内淤积物主要由粉粒和黏粒组成，黏粒含量 22%～50%，干密度 0.83～1.57t/m^3，渗透系数为 10^{-4}～10^{-7}cm/s。

为了观测淤积物的防渗效果，1971 年 8 月水库管理处在 F5 断层带的 0+680 断面上，人工铺盖上游 8m 处，专门埋设了一根测压管（编号为 TR），管底高程 274.23m。观测资料表明，管内水位随库水位变化而升降，在库水位上升阶段，管水位稍低于库水位，其差值不足水头的 1%。

表 21.2-1　　坝体料反滤层设计的保土条件和排水条件复核

分组	坝体料名称	特征粒径/mm		D_{15}/d_{85}		D_{15}/d_{15}	
		d_{15}（D_{15}）	d_{85}	计算值	规范值	计算值	规范值
1	坝体砾质砂						
	岗地土 1（1989 年）	0.0014	0.03	9	≤9	193	≥4
	岗地土 2（1989 年）	0.0016	0.037	7.3	≤9	169	≥4
	平地土（1989 年）	0.0015	0.045	6	≤9	180	≥4
	岗地土（1961 年）	0.0025	0.044	6.1	≤9	108	≥4
	平地土（1961 年）	0.0028	0.043	6.3	≤9	180	≥4
2	坝体砂卵石平均值	0.31					
	坝体土料平均值	0.0029	0.042	6.43	≤9	93	≥4

注　坝体砂卵石平均值级配与坝体土料反滤料级配接近。

（3）坝体排水系统评价。大坝下游坝脚设有贴坡排水，左坝头在靠近冰积砂卵石与第三纪红土层接触处和断层带以下，设有纵向暗排水管及三条横向暗排水管。

以上措施对进一步保证了大坝的安全运行。

（4）坝体渗流安全综合评价。大坝斜墙与反滤、砂砾石坝体间基本符合反滤关系；水平铺盖与水库淤积共同作用，有一定防渗作用；大坝有较好的排水系统。

21.3　两岸渗流安全分析评价

（1）西坝头观测资料分析。水库蓄水以后，西坝头下游坡砂卵石层渗流量远远大于原设计值，实测库水位 311.30m 时的渗流量已是原设计库水位 325.00m 时渗流量的 3 倍，并且出逸点位置普遍较高。1987 年对西坝头进行了加固处理，新增地下水测压管 12 根，总数达到 28 根，建成了 4 个量水堰。

1）测压管、库水位关系分析。管、库水位之间的关系主要有下列几个方面。

①管水位随库水位升降而升降，相同库水位下管水位随时间增加呈下降趋势；

②同一测断面上游端的管水位下降的明显，下游端的则变化很小，有的微弱抬升。

2）几个特征库水位条件下管水位的推算。1996 年、1997 年库水位较高，有一个完整的升、降过程，根据这两年的资料，利用管、库水位相关曲线的线性回归方程，对尚未出现的几个特征库水位时的管水位进行了推算，推算的高水位下的出逸点较设计高 3～4m。

3）渗流量的情况。西坝头共设 4 个量水堰。观测结果表明：

①西坝头的渗流量随着库水位的升降而增减，总渗流量比计算值要大得多，如 315.68m 水位实测渗流量 38.56L/s，设计（64 年）水位 315m 时 14.19L/s。

②相同库水位条件下，的推移，渗流量随时间增加呈逐渐减小之势。

（2）东坝头渗透稳定分析。右（东）坝头的渗流现状，无论是从随库水位升降的变化上看还是从与历史相比的角度来看，绝大部分测压管水位和位势也都呈稳定或下降势态。

库水位 316.00m 时最大日渗水量只有 $204m^3$。目前东坝头的渗透是稳定的，历年来运行正常。

(3) 两坝头渗透稳定性综合评价。西坝头砂卵石层的渗流场具有浸润线缓、逸出点高，渗流量比较大等特点；相同库水位条件下，管水位随时间而逐渐降低、坡降在逐渐变缓；10000 年一遇库水位时，下游出逸点，可能高出西坝头保护高程 3.00～4.00m；西坝头年总渗流量 200 万 m^3 以上。西坝头渗流异常。

东坝头的渗透稳定、运行正常。

21.4 大坝渗流安全综合评价

(1) 总体来看，现状条件下（最高水位 318.84m）坝体、坝基及两岸渗流状态基本正常，可以正常运用。

(2) 由于截水槽质量问题，尽管通过各种分析，高水位（最高 331.80m）下渗流状态是正常的，但仍不能保证其不局部破坏、继而导致截水槽功能整体失效的可能。

(3) 高水位下左坝头出逸点将高于保护顶高程偏高 3.00～4.00m 问题，应引起重视。

(4) 综上所述，按《安全评价导则》的规定，大坝及东坝头运行状态基本正常，评价为 B 级。西坝头浸润线变平缓、出逸点超出设计情况，高水位下的渗透稳定需进一步研究处理，评价为 C 级。

考虑西坝头为大坝重要组成部分，大坝渗流安全分级综合评定为 C 级。

22 陆浑水库大坝结构及抗震安全分析评价

主要针对黏土斜墙砂砾石坝变形、稳定安全分析评价：

(1) 大坝变形分析评价。到1997年，大坝累计最大沉陷量是坝顶的P3的105.2mm，不足坝高的2‰，沉陷量很小。水平位移坝顶和上游坝面向上游移动，下游坝面向下游移动，累计最大的水平位移点也是坝顶的P3点，其水平位移量到1996年5月，为−56mm。

以上说明大坝的位移是轻微的，不会影响大坝的安全。

(2) 坝顶高程复核。

基本资料的选取计算方法。多年实测年平均最大风速 W 为13m/s；风区长度 D 为15km。

正常运用条件下，采用多年平均最大风速的1.5倍，取 $W=19.5$m/s；非常运用条件下，采用多年平均最大风速，取 $W=13$m/s。

陆浑水库设防地震烈度为7度，需考虑地震壅浪情况。

坝顶超高及坝顶高程计算见表22.0-1。由该表看出，校核水位下的坝顶高程334.08m为大值，现坝顶高程333.00m，防浪墙顶高程334.20m，满足要求。

表22.0-1　坝顶超高及坝顶高程计算成果　　单位：m

计算项目＼运用情况	设计洪水位(0.1%)	校核洪水位(0.01%)	正常蓄水位	正常蓄水位+地震
波浪爬高 $R_1/\%$	2.744	1.567	2.721	1.845
风壅水面高度 e	0.025	0.01	0.031	0.014
安全加高 A	1.5	0.7	1.5	0.7
地震壅浪高度				0.5
坝顶超高 y	4.269	2.277	4.253	3.058
库水位	327.5	331.8	319.5	319.5
坝顶高程	331.77	334.08	323.75	322.56

(3) 稳定复核。

1) 建筑物等级及地震烈度。河床段大坝、东坝头上游坡和西坝头上游过渡段按1级建筑物。东坝头下游坡和西坝头下游坡按2级建筑物。陆浑水库基本烈度为6度。对1级建筑物提高1度，设防烈度为7度。

2) 河床段大坝稳定复核。大坝典型横剖面见图22.0-1。

计算采用中国水科院编制的“土石坝边坡分析程序《STAB》”，选取河床段典型断面进行计算，计算结果见表22.0-2。

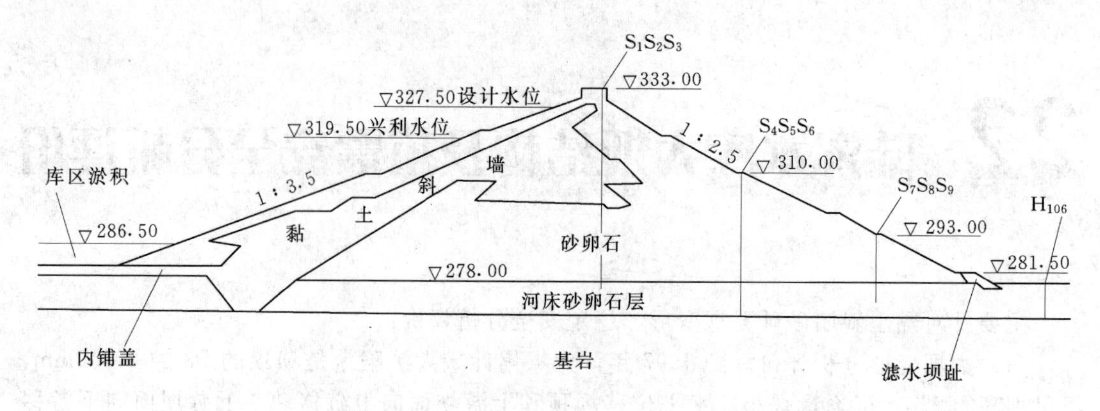

图 22.0-1　陆浑大坝典型横剖面示意图

表 22.0-2　　河床段大坝稳定计算结果表

坝坡	计算断面	计算工况	下游水位/m	毕肖普法		瑞典圆弧法		备注
				规范安全系数	计算安全系数	规范安全系数	计算安全系数	
上游坡	典型断面	不利水位 298.00m	282	1.50	1.672	1.30	1.603	目前库区已淤积至约286.50m
		水位骤降 327.50～317.00m	282	1.30	1.969	1.20	1.895	
		水位骤降 319.50～298.00m	282	1.30	1.669	1.20	1.600	
		不利水位 298.00m ＋7°地震	282	1.20	1.444	1.10	1.384	
		加高 3m 部位局部稳定		1.50	1.998	1.30	1.878	
		加高 3m 部位局部稳定＋7°地震		1.20	1.682	1.10	1.576	
下游坡	典型断面	设计洪水位 327.50m	282	1.50	1.757	1.30	1.665	
		校核洪水位 331.80m	282	1.30	1.750	1.20	1.632	
		设计洪水位 327.50m＋7°地震	282	1.20	1.580	1.10	1.493	
		加高 3m 部位局部稳定		1.50	1.808	1.30	1.566	
		加高 3m 部位局部稳定＋7°地震		1.20	1.568	1.10	1.347	

3）西坝头稳定复核。计算采用《STAB》程序，选取断面（0＋150）进行计算，计算结果见表 22.0-3。

表 22.0-3　　西坝头下游坡稳定计算结果表

坝坡	计算断面	计算工况	下游水位/m	瑞典圆弧法		备注
				规范安全系数	计算安全系数	
下游坡	典型断面	设计洪水位 327.50m		1.25	1.339	
		校核洪水位 331.80m		1.15	0.914	局部弧
				1.15	1.054	中弧
				1.15	1.468	大弧
		设计洪水位 327.50m＋7°地震		1.05	1.195	

4）东坝头稳定复核。计算采用《STAB》程序。选取无厂房断面（0＋980）和有厂房断面（1＋000）进行计算，计算结果见表22.0－4。

表22.0－4　　东坝头下游坡稳定计算结果表

坝坡	计算断面	计算工况	摩根斯顿法		瑞典圆弧法		备注
			规范安全系数	计算安全系数	规范安全系数	计算安全系数	
下游坡	1＋000断面	设计洪水位327.50m	1.35	1.386			有厂房断面
		校核洪水位331.80m	1.25	1.229			
		设计洪水位327.50m 7°地震	1.15	1.247			
	0＋980断面	设计洪水位327.50m			1.25	1.252	无厂房断面
		校核洪水位331.80m			1.15	0.886	
		设计洪水位327.50m 7°地震			1.05	1.09	

5）大坝结构安全综合评价。按照《水库大坝安全评价导则》（SL 258—2000）附录B中表B2－1的规定，依据以上分析和复核成果，综合评价见表22.0－5。

黏土斜墙砂砾石坝结构安全评价为B级。

表22.0－5　　大坝结构安全评价

变形分析	抗滑稳定安全			
	大坝河床段上下游坡及东、西坝头上游坡		东、西坝头下游坡	
分析结论	正常运用条件（瑞典圆弧法）	非常运用条件（瑞典圆弧法）	正常运用条件（瑞典圆弧法）	非常运用条件（瑞典圆弧法）
沉降趋于稳定，开裂可能很小	$K>1.5$	$K>1.30$	$K<1.40$ $K>1.25$	$K<1.15$
A级	A级	A级	B级	C级
结构安全	B级			

23 陆浑水库溢洪道结构安全分析评价

23.1 溢洪道结构布置

溢洪道地质情况比较复杂，F_{46}断层带穿过中孔闸室，闸室的结构形式采用了三孔单独的U形结构，溢洪道闸室混凝土强度为200号。溢洪道泄水渠底宽25m，边坡1∶1，梯形渠道，全部用150号混凝土衬砌，侧墙高度11～14m。出口采用挑流消能，挑流鼻坎高程299.515m，溢洪道最大泄量3810m³/s。

23.2 溢洪道闸墩裂缝现状

1986年3月进一步对闸墩裂缝的发展情况进行了检测和描绘，发现边墩和中墩裂缝，以中墩较为严重，裂缝位置见图23.2-1。裂缝的产生和发展严重地破坏了溢洪道闸墩的整体性。

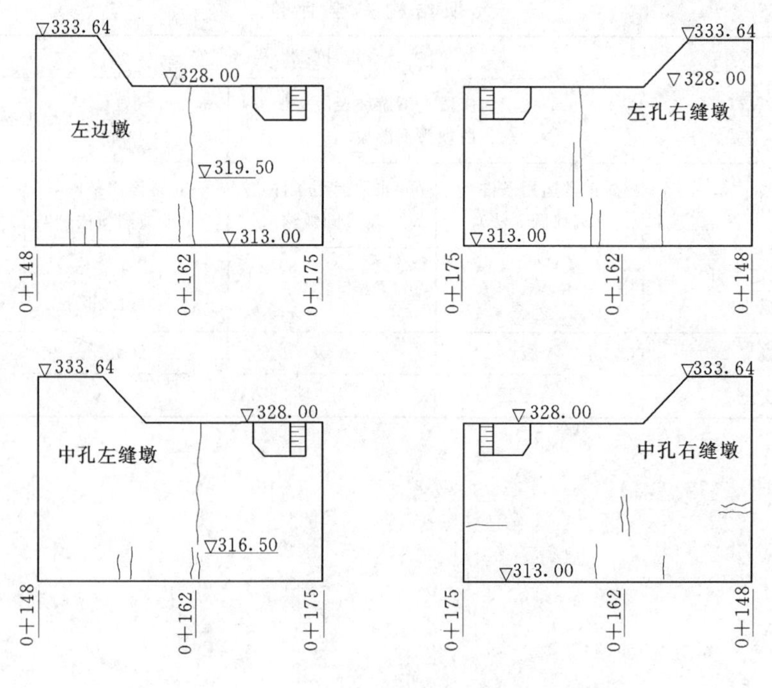

图23.2-1（一） 溢洪道闸墩裂缝位置图

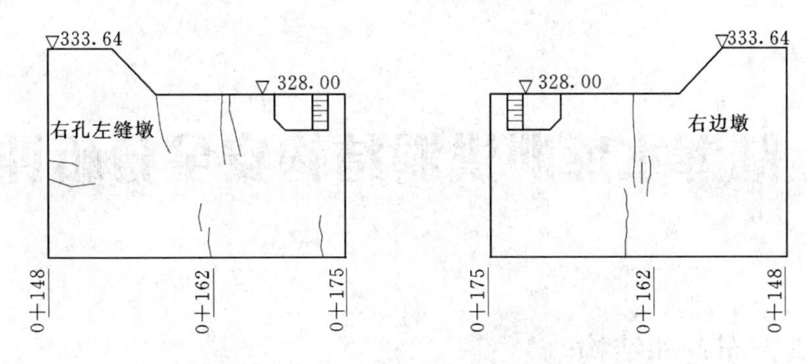

图 23.2-1（二） 溢洪道闸墩裂缝位置图

23.3 裂缝成因及安全评价

（1）裂缝成因。

1）由变形观测资料看，闸室未发现明显的不均匀沉降，因此，由地基不均匀沉降而引起闸墩裂缝的可能性很小。

2）温度荷载是引起溢洪道闸墩产生裂缝的主要原因。

（2）安全评价。溢洪道是汛期泄洪的主要建筑物，最大泄量达 3810m^3/s，占总泄洪流量的 67.8%，而溢洪道闸墩中部出现贯穿性裂缝，使闸墩的整体性遭到破坏，汛期如果影响闸门不能正常开启，可能会带来灾难性后果。作为陆浑水库应急加固工程的建设内容之一，闸墩裂缝处理正在实施中，这里不再进一步评价。

24 陆浑水库泄洪洞结构安全分析评价

24.1 泄洪洞布置和结构

泄洪洞进水塔布置在东坝头，溢洪道以西约200m，进水塔316.715m以下为全封闭式塔筒，316.715m以上工作门为封闭式，检修门井为框架剪力墙结构；泄洪洞洞身为明流洞，全长491m；泄洪洞出口为挑流鼻坎式消池。泄洪洞最大泄量1200m³/s。

24.2 泄洪隧洞现状

2001年5月对泄洪洞衬砌裂缝进行了检测，裂缝多1600多条，较1991年检测时的1256条增加了27.6%，裂缝最为密集的是0+150～0+200，最大宽度达1.3mm，最大长度45m，有的裂缝已经贯穿整个衬砌厚度，破坏了洞身的整体性，且裂缝仍有发展趋势，已经严重地影响着泄洪洞的运行安全，裂缝情况见图24.2-1。

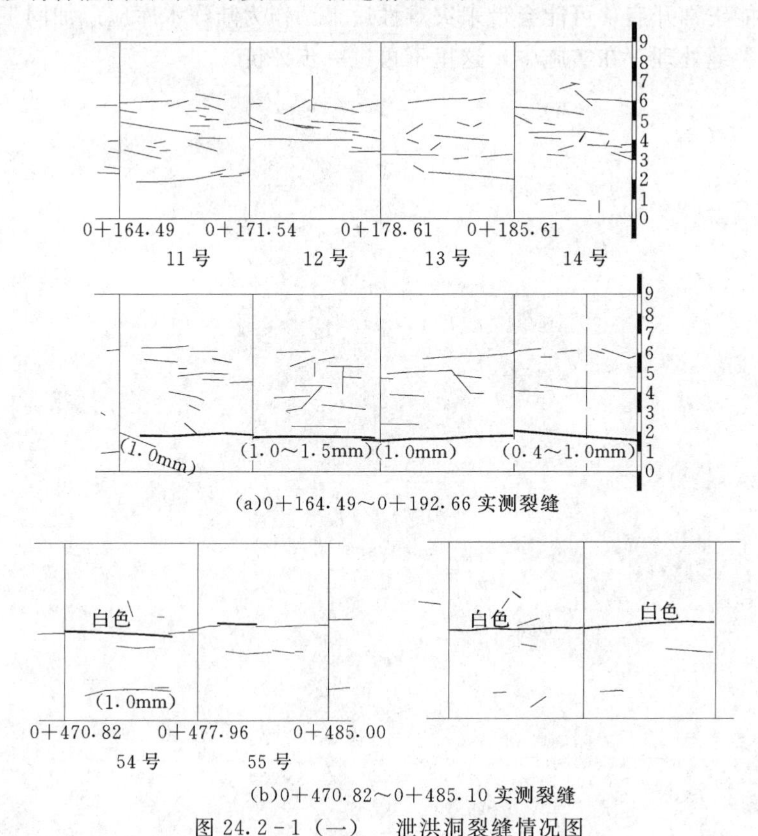

(a)0+164.49～0+192.66实测裂缝

(b)0+470.82～0+485.10实测裂缝

图24.2-1（一）　泄洪洞裂缝情况图

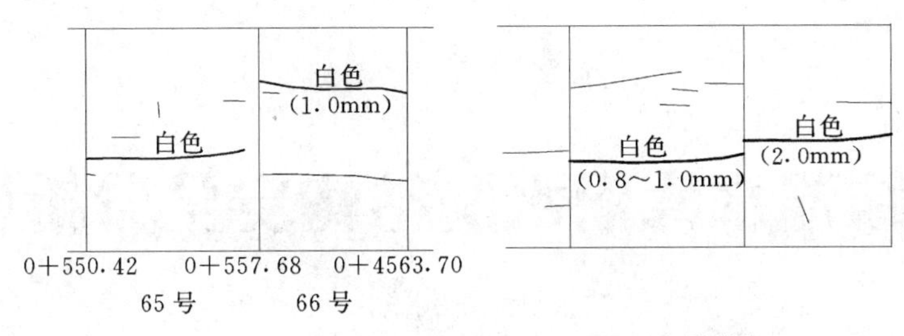

(c)0+550.42~0+563.78实测裂缝

图 24.2-1（二） 泄洪洞裂缝情况图

24.3 泄洪洞结构安全复核成果

(1) 据进水塔稳定应力计算，进水塔在各种计算条件、计算工况下是稳定的；但根据304.515m横剖面的结构结算结果，原水平配筋不满足规范要求，塔筒在这些部位可能会产生竖向裂缝。

(2) 依据观测资料，进水塔发生了较小的不均匀沉降，塔架向上游方向左岸侧发生了轻微倾斜，最大沉降值为7.6mm，最大倾斜距离为3.9mm，不均匀沉降主要是受基础左侧厚1~2m煌斑岩脉的影响，1983年之后基本处于稳定状态。

(3) 泄洪洞塔架已经运行近40年，混凝土碳化现象比较严重，根据陆浑水库管理局出具的资料，进水塔最大碳化深度达50.96mm，29个测点的平均值为21.84mm，对碳化严重的部位应尽早进行处理，以免碳化进一步加深，引起钢筋锈蚀而降低强度。

24.4 泄洪洞结构安全综合评价

进水塔稳定，塔身不均匀变形较小且已基本稳定。洞身衬砌裂缝和碳化十分严重，将会影响安全运行。作为陆浑水库应急加固工程的建设内容之一，洞身裂缝处理试验正在进行，必须尽早进行彻底处理。

25 陆浑水库输水洞结构安全分析评价

25.1 输水洞布置和结构

输水洞由进水塔、输水隧洞、出口闸室及消力池等组成，进水塔为混凝土框架式塔架，塔高 41.8m；输水隧洞为圆形有压洞，洞径 3.5m，钢筋混凝土衬砌，输水洞全长 335m

25.2 输水洞进水塔稳定复核

计算结果表明，抗倾覆稳定安全系数及基底应力均满足要求。因此，塔架可满足正常运行的要求。

25.3 输水洞结构安全评价

进水塔在各种计算工况下的稳定性及基底应力满足要求。

塔架竖向位移量、水平位移量均很小，变形趋于稳定。

塔架在冬季施工期掺入过量的氯化钠防冻剂，对混凝土结构的耐久性不利。

输水洞经处理可以安全运行。

26 陆浑水库灌溉发电洞结构安全分析评价

26.1 灌溉发电洞结构布置

灌溉发电洞由进水塔、洞身、出口闸室及消力池等部分组成，塔架前为一引水明渠。进水塔设两层平台，检修平台320m以下结构形式为塔筒式与框架式相结合，320m以上全为框架式结构，塔高42.2m。灌溉洞为圆形有压洞，洞径5.7m，洞长315.69m。

26.2 灌溉发电洞进水塔稳定安全复核

稳定计算结果表明，塔架的稳定及基底应力可以满足要求。

26.3 灌溉发电洞进口喇叭段裂缝问题的分析评价

进口喇叭段出现贯穿性裂缝，破坏了塔架的整体性，但不会影响塔架的正常运行。

26.4 灌溉发电洞进口引水明渠边坡稳定分析

引水明渠为梯形复式断面，下部为基岩，上部为黄土及施工堆积土掺石碴。

319.50m水位情况：边坡稳定安全系数为1.03<1.25。

319.50m水位＋70地震情况：边坡稳定安全系数为0.92<1.15。

引渠黄土边坡不满足稳定要求。

26.5 灌溉发电洞结构安全评价

(1) 进水塔在各种情况下的稳定性及地基应力基本满足要求。对于喇叭段裂缝不会影响进水塔的正常运行，但要加强观测，做到心中有数，如发现异常情况，应及时分析研究，根据具体情况采取措施。

(2) 1987年检查发现灌溉隧洞衬砌出现了环向裂缝，就裂缝数量及宽度及裂缝的形式来看，对隧洞安全运行影响不大。但是，从上次检查至今，灌溉洞已运行15年，裂缝是否会有大的变化不得而知，建议进行一次详细检查。

(3) 进口引水渠两岸多为黄土，边坡较陡，稳定不满足要求，存在滑坡的可能。

灌溉洞发电洞经处理可以安全运行。

27 陆浑水库大坝抗震安全复核

27.1 地震烈度复核

陆浑水库原设计采用基本烈度为7度，1级建筑物设计烈度为8度。1977年水利电力部规划设计院委托国家地震局武汉地震大队对陆浑水库地震基本烈度进行了鉴定，鉴定结果陆浑水库基本烈度为6度。

黏土斜墙砂砾石坝抗震性能评价：

坝基砂砾石液化分析：

坝址处河床砂卵石覆盖层厚8～12m，上层6m范围内小于5mm的颗粒含量变化在27%～85%之间，7m以下小于5mm的颗粒含量较少，坝基砂砾石级配曲线见图27.1-1。经初、复判坝基砂砾石为不液化土。

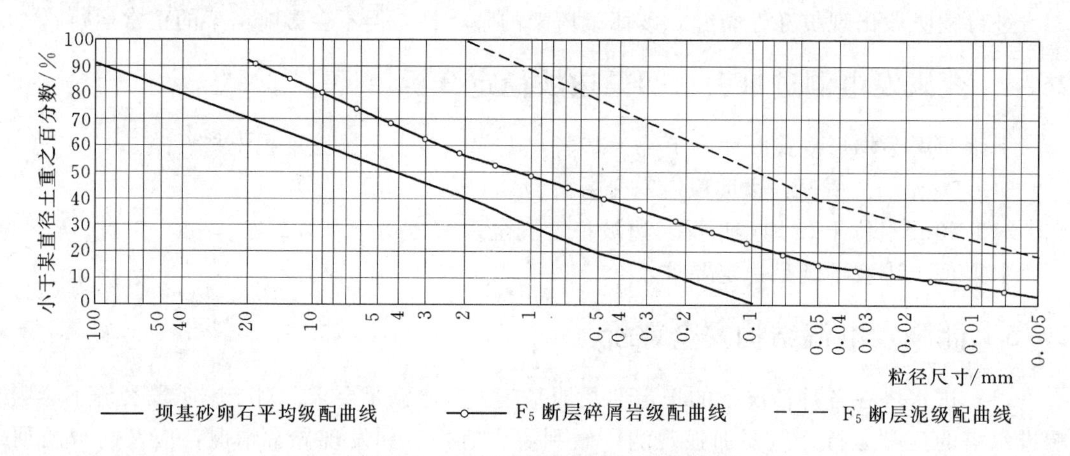

图27.1-1 坝基材料颗粒级配曲线图

27.2 抗震安全分析评价

陆浑大坝属1级建筑物，东、西坝头下游坡属2级建筑物，按《水库大坝安全评价导则》(SL 258—2000) 附录B有关规定，及以上分析的结果（坝坡抗震稳定计算），对大坝抗震评价结果见表27.2-1。

大坝抗震安全综合评价为B级。

27.3 溢洪道抗震性能分析评价

溢洪道闸室稳定计算成果见表27.3-1。

表 27.2-1　　大坝抗震安全评价表

<table>
<tr><td rowspan="3">抗震安全性分级</td><td>大坝河床段上下游坡及东、西坝头上游坡</td><td>地震抗滑稳定性（拟静力法）</td><td>$K=1.384$
$K=1.493$
$K\geqslant 1.2$</td><td>A级</td><td rowspan="2">B级</td><td rowspan="3">B级</td></tr>
<tr><td>东、西坝头下游坡</td><td>地震抗滑稳定性（拟静力法）</td><td>$K=1.195$
$K=1.09$
$K<1.15$</td><td>C级</td></tr>
<tr><td>土层液化性判别</td><td colspan="2">液化可能性很小</td><td>A级</td><td>A级</td></tr>
</table>

表 27.3-1　　溢洪道闸室稳定计算成果表

安全系数 计算条件	表层滑动 K_1	深层滑动 K_2
324 水位关门	1.95	1.42
324 水位关门+8 度地震	1.54	

根据稳定计算结果来看，均满足《溢洪道设计规范》（SDJ 341—89）规定的安全系数。溢洪道闸墩出现了贯穿性裂缝，破坏了闸墩的整体性，闸室的抗震性能有所降低。

27.4　进水口建筑物及隧洞抗震性能分析评价

（1）进水塔稳定应力复核的计算荷载。

1）扬压力：根据现有工程资料反映，进水塔基础没有或进行了局部的灌浆处理为安全起见，扬压力均按全水头考虑。

2）浪压力：按《混凝土重力坝设计规范》（SDJ 21—78），按官厅水库公式计算。

3）风压力：按《水工建筑物荷载设计规范》（DL 5077—1997）的规定计算。

4）地震动水压力和地震惯性力：按《水工建筑物抗震设计规范》（SL 203—97）的规定计算。

5）自重及设备重、水体重、水压力和岩石抗力等。

（2）泄洪洞抗震稳定应力复核，进水塔抗震稳定应力计算成果表 27.4-1。

表 27.4-1　　泄洪洞进水塔抗震稳定计算成果表

<table>
<tr><td rowspan="2">计算工况</td><td rowspan="2">抗滑安全系数</td><td rowspan="2">抗倾安全系数</td><td colspan="2">基底应力/MPa</td><td rowspan="2">备注</td></tr>
<tr><td>σ上游</td><td>σ下游</td></tr>
<tr><td>正常蓄水位+关检修门+地震（上倾）</td><td>3.47</td><td>1.06</td><td>0.25</td><td>0.36</td><td></td></tr>
<tr><td rowspan="2">正常蓄水位+关检修门+地震（下倾）</td><td>1.28</td><td>1.11</td><td>−0.19</td><td>0.80</td><td></td></tr>
<tr><td>2.00</td><td>1.22</td><td>0.11</td><td>0.56</td><td>计入弹抗</td></tr>
<tr><td>正常蓄水位+关检修门+垂直水流向地震</td><td>6.05</td><td>1.30</td><td>0.41
（塔侧）</td><td>0.19
（塔侧）</td><td></td></tr>
</table>

从表 27.4-1 可以看出，在 7 度地震情况下，塔架抗滑稳定满足要求；在下倾情况下

（不计岩石弹抗时），抗倾覆稳定安全系数略小于规定值，基底上游产生了 0.19MPa 的拉应力，但满足规定要求。

（3）输水洞塔架抗震稳定应力复核。进水塔抗震稳定应力计算成果见表 27.4－2。

表 27.4－2　　输水洞进水塔抗震稳定计算成果

计算工况	抗倾安全系数	基底应力/MPa	
		Σ上游	σ下游
正常蓄水位 319.5m＋地震（上倾）	8.17	0.187	－0.004
正常蓄水位 319.5m＋地震（下倾）	7.70	0.129	0.029
正常蓄水位 319.5m＋垂直水流向地震	2.75	0.117 （塔侧）	0.014 （塔侧）

从稳定应力计算结果看，抗倾覆稳定安全系数及基底应力均满足要求。但是，输水洞进水塔采用框架式结构，侧向两轴线宽度仅 5.089m，塔体结构的抗震性能相对较差。

（4）灌溉发电洞塔架抗震稳定应力复核。进水塔抗震稳定应力计算成果见表 27.4－3。

表 27.4－3　　灌溉洞进水塔抗震稳定计算成果表

计算工况	抗倾安全系数	基底应力/MPa	
		σ上游	σ下游
正常蓄水位 319.5m＋关工作门＋地震（上倾）	2.211	0.051	0.269
正常蓄水位 319.5m＋关工作门＋地震（下倾）	1.155	－0.106	0.379
正常蓄水位 319.5m＋关工作门＋垂直水流向地震	2.124	0.178 （塔侧）	0.086 （塔侧）

从表 27.4－3 计算结果可以看出，在校核情况下，各种工况抗倾覆稳定安全系数均满足要求；在下倾情况下，基底上游产生了 0.106MPa 的拉应力，但满足规定要求。

28 陆浑水库大坝结构稳定及抗震性能分析综合评价

28.1 黏土斜墙砂砾石坝

黏土斜墙砂砾石坝结构安全评价为B级，抗震安全评价为B级。

28.2 溢洪道

溢洪道在现有运用条件下整体稳定满足规范要求，闸墩产生贯穿性裂缝，破坏了结构的整体性，对溢洪道的安全运行带来威胁。正在处理中。

28.3 泄洪洞

经复核，泄洪洞塔架的整体稳定、基底应力基本满足要求，但根据304.515m横剖面的结构计算复核，原水平配筋不满足要求，且竖向钢筋配筋率偏小。洞身出现了大量的裂缝，已影响安全运行。

28.4 输水洞

输水洞塔架抗倾覆稳定及基底应力均满足要求，输水洞经过多次续建、改建、除险加固，现基本能满足正常运行。

28.5 灌溉发电洞

进水塔架的稳定及地基应力基本满足要求，喇叭段裂缝不会影响进水塔的正常运行。洞身衬砌出现了环向裂缝，就裂缝数量及宽度及裂缝的形式来看，对安全运行影响不大。现基本能满足正常运行。

进口引水渠两岸多为黄土，边坡较陡，稳定不满足要求，存在滑坡的可能，影响安全运行。

29 陆浑水库大坝金属结构安全分析评价

29.1 金属结构现状及主要问题

（1）金属结构现状。本次受检的金属结构设备的使用年限多数已超过《水利建设项目经济评价规范》（SL 72—94）所规定的金属结构设备折旧年限，尽管管理部门尽了最大努力作好日常维护保养工作，并对个别设备先后进行了几次小的改造，但由于设备主体使用时间过长，设备变形、磨损、老化等问题较为突出，存在安全隐患。

（2）主要问题。有关设备缺陷的详细数据参见水库管理单位委托水利部水工金属结构质量检验测试中心所作的现场检测报告。这里将闸门和启闭机两大类别存在的主要问题概述如下：

1）闸门。各闸门均存在不同程度的闸门轨道平整度差、钢板和埋件锈蚀、门体炭化剥蚀、止水橡皮老化和局部撕裂、门页变形、闸门漏水、滚轮不灵活或者锈死等现象。如溢洪道闸门钢板蚀余厚度不足6mm、闸门严重漏水，泄洪洞工作闸门滚轮近半数锈死、不能转动，输水洞埋件锈蚀面积达60%，灌溉发电洞节制闸出现孔洞和混凝土大面积剥落。

2）启闭机。启闭机设备运行中，普遍存在严重的电气控制系统和设备陈旧老化、技术落后，钢丝绳磨损、锈蚀与断丝，制动器制动带磨损、制动轮表面划伤，减速器齿轮锈蚀、漏油、齿轮油变质，开式齿轮副啮合面磨损、齿面硬度普遍偏低，启闭机普遍无负荷控制器等现象。

29.2 金属结构综合安全评价

陆浑水库的金属结构设备属于中小型设备，按规定，其设备折旧年限仅20年，实际上这些设备超期服役现象都十分严重。根据实测资料与计算分析结果看，金属结构的闸门类设备的强度、刚度大多已不能满足规范要求，故闸门类设备的安全性综合评定为C级。

启闭机设备的容量经复核大部分满足要求，但目前存在的安全隐患较多，影响正常使用。通过对启闭机进行全面检修，修整、调换或更新有缺陷的零部件，启闭机可继续使用，故启闭机类设备综合评定为B级。

金属结构安全综合评价为C级。

30 陆浑水库大坝运行管理分析评价

30.1 水库运行

防汛安全事关大局，河南省防汛指挥部历年下达的汛期运用水位及实际运用情况见表30.1-1。

表30.1-1　历年省防指下达的汛期运用水位及实际运用情况统计表

年　份	汛限水位/m	汛末水位/m	运行情况		备　注
			水位/m	天数	
1975	307.0	310.0	311.0	13	75.8最大洪峰流量5640m³/s，最高库水位315.47m
1976～1980	300.0	307.0～310.0	300.0～308.0	485	82.7最大洪峰为复峰5280m³/s，5370m³/s，最大库水位311.65m
1981～1986	305.0	310.0	308.0～313.0	252	
1987	308.0	310.0	308	29	
1988	312.0	314.0	314	116	
1989	314.0	316.0	316	12	最高库水位316.01m
1990	314.0	316.0	315	46	最高库水位316.03m
1991	314.0	317.5	313	1	
1992	314.5	317.5	309	33	
1993	314.5	317.5	313	73	
1994	314.5	317.5	314	10	
1995	315.5	317.5	311	56	
1996	315.5	317.5	318	63	最大入库洪峰流量2608m³/s，最高库水位318.57m
1997	315.5	317.5	317	5	最高库水位318.09m
1998	315.5	317.5	318	7	
1999	315.5	317.5	315	9	
2000	315.5	317.5	318	70	最高库水位318.84m

30.2 大坝运行管理综合评价

（1）水库运行。

1）陆浑水库建成至1973年为空库运行，1974年后开始蓄水，1975年后基本按照上级防汛部门批复的运行计划运行，批复的最高汛限水位315.50m、汛末可至317.5，实际最高运行水位318.84m。

2）陆浑水库于1981年建立了部分遥测雨量站及水情测报系统，对大、中型洪水洪峰流量的预报精度可达到80%以上，但峰现时间和洪量的精度较低，对小型洪水的预报精度则更低。

通信设施陈旧，通话质量差，有待于更新。大坝运行管理规章制度建设完善，落实到位。

（2）大坝维修。管理单位对工程出现的问题能够进行及时小范围的处理和维修，加上保坝加高、除险加固等工程的实施，基本保证了工程在带病在批复的条件下正常运行。

坝基、西坝头渗透问题、混凝土建筑物裂缝和碳化问题、机电设备老化和金属结构锈蚀问题，均是影响工程按设计效益安全运行制约因素。

（3）大坝安全监测。陆浑水库大坝安全巡视检查的内容、方法、要求及频次，仪器检测项目的布设（无内部变形观测设备）、观测方法、频次等，以及监测资料的整编等基本符合有关规范、规程规定。

31 陆浑水库大坝安全评价结论和建议

31.1 综合分析评价与结论

（1）洪水标准复核结果。陆浑水库防洪标准应采用1000年一遇洪水设计、10000年一遇洪水校核。复核的水库设计洪水位为327.38m，校核洪水位为331.01m，均低于水库保坝设计时的计算成果，校核洪水位比目前的10000年一遇洪水位水位低0.79m，水库目前的抗洪能力达10000年一遇以上。

大坝防洪安全性为A级。

（2）工程质量综合评价结论。大坝及泄水、输水建筑物，在接近设计兴利水位319.50m的318.84m水位下运行状态基本正常。

工程总体质量评定为合格。

（3）抗震稳定复核结果。坝基砂砾石层无液化可能。坝坡抗震滑动安全系数满足规范要求，东、西坝头安全度达不到要求。

综合评价大坝抗震安全等级为B级。溢洪道、泄洪洞、输水洞和灌溉发电洞塔架抗震稳定及地基应力均基本满足要求。灌溉发电洞进口引渠边坡不满足抗震稳定要求。

（4）结构稳定分析评价。黏土斜墙砂砾石大坝变形较小且已趋于稳定。坝坡滑动安全系数满足规范要求；东、西坝头校核水位下安全度达不到要求，考虑校核水位出现几率小，且难以形成浸润线，此种计算工况仅作为参考。

综合评价大坝结构稳定安全等级为B级。

溢洪道、泄洪洞、输水洞和灌溉发电洞塔架抗震稳定及地基应力均基本满足要求。灌溉发电洞进口引渠边坡不满足抗滑稳定要求。

（5）大坝渗流稳定分析评价。大坝及东坝头运行状态基本正常，评价为B级。西坝头浸润线变平缓、出逸点超出设计，渗流情况异常，评价为C级。

考虑西坝头为大坝重要组成部分，其安全直接关系大坝安危。大坝渗流安全分级综合评定为C级。

（6）金属结构稳定分析评价。根据实测资料与计算分析结果，金属结构的闸门类设备的强度、刚度大多已不能满足规范要求。闸门类设备的安全性综合评定为C级。

启闭机设备的容量经复核大部分满足要求，但存在的安全隐患较多，通过对启闭机进行全面检修可继续使用。故启闭机类设备综合评定为B级。

金属结构安全综合评价为C级。

（7）运行管理综合评价结论。陆浑水库有较完善的大坝运行管理规章制度。1975年后基本按照上级防汛部门批复的运行计划运行，批复的最高汛限水位315.50m、汛末可至 317.50m，实际最高运行水位 318.84m。

管理单位对工程出现的问题进行正常维护，加上保坝加高、除险加固等工程的实施，基本保证了工程在带病在批复的条件下正常运行。

大坝安全监测情况基本符合有关规范规程规定，综合评价为较好。

综上所述，根据《水库大坝安全评价导则》（SL 258—2000）综合评价标准，“安全性级别有一项以上（含一项）是C级的，为三类坝”。陆浑水库大坝渗流安全、金属结构两项安全性级别划为C级；同时考虑坝基截水槽存在严重质量隐患，泄洪洞洞身存在大量裂缝等问题，已严重影响工程的正常运行；另外，其他各建筑物运行大都已达35年以上，存在隐患也较多。建议评定为三类坝。

31.2 建议

鉴于截水槽存在的施工问题，及其在大坝安全运行中的重要性，应研究确保其渗透稳定的工程措施。同时应进一步加强安全监测设施。

西坝头的渗透稳定对大坝安全至关重要，建议研究降低浸润线，或下游坡扩大反滤保护的工程措施。

溢洪道闸墩裂缝、泄洪洞洞身裂缝处理作为应急加固工程正在实施，施工应加强质量控制，确保工程质量。

各泄水、输水建筑物建筑物，大部分变形观测点，变形量不大，有的观测资料已显示变形已基本稳定，即使如此，也应不懈观测。建议进一步完善观测设施和安全检查制度，如恢复输水洞塔架竖向位移观测等。

建议研究溢洪道塔架基础防渗、基础加固处理的可行性。

建议对输水洞闸门井壁、洞底、出口陡坡段底板，全面进行洞底老混凝土凿除，浇筑高标号混凝土。

建议对灌溉发电洞洞身进行全面检查，根据检查结果研究是否进行处理。